超级自控力

——如何进行有效的自我管理

潘鸿生◎编著

北京工业大学出版社

图书在版编目（CIP）数据

超级自控力：如何进行有效的自我管理／潘鸿生编著. —北京：北京工业大学出版社，2017.6
ISBN 978-7-5639-5351-6

Ⅰ.①超… Ⅱ.①潘… Ⅲ.①自我管理－通俗读物 Ⅳ.①C912.1-49

中国版本图书馆 CIP 数据核字（2017）第 081648 号

超级自控力——如何进行有效的自我管理

编　　著：潘鸿生
责任编辑：李　杰
封面设计：尚世视觉
出版发行：北京工业大学出版社
　　　　　（北京市朝阳区平乐园 100 号　邮编：100124）
　　　　　010-67391722（传真）　bgdcbs@sina.com
出 版 人：郝　勇
经销单位：全国各地新华书店
承印单位：香河利华文化发展有限公司
开　　本：787 毫米 ×1092 毫米　1/16
印　　张：18
字　　数：234 千字
版　　次：2017 年 6 月第 1 版
印　　次：2018 年 8 月第 3 次印刷
标准书号：ISBN 978-7-5639-5351-6
定　　价：32.80 元

前　言

　　古希腊哲学家泰勒斯指出："做什么事情最容易，向别人提意见最容易；做什么事情最难，管理好自己最难。"要管好自己，我们首先需要有强大的自控力。

　　自控力，即自我控制的能力，指对一个人自身的冲动、感情、欲望施加的控制。广义的自控力指对自己的周围事件、对自己的现在和未来的控制感。自我控制，是一种对自身性格和欲望的控制能力，一旦失控，人将变得随心所欲。一切法律条文、道德规范都是"他律"，只有发自内心的反省、认识才是自律。

　　自控力是一个人自觉地调节和控制自己行动的能力，是人类最实用的技能之一，人类依靠它来抵抗诱惑。关于自控力，一位美国心理学家说过一段发人深省的话："一个有意于修炼自己并提升意志力的人，将会获得无比巨大的力量。这种力量不仅能完全控制一个人的精神世界，而且能使人的心理达到前所未有的高度。此时，一个人以前从未想过能拥有的智慧、天赋或能力都有可能变成现实。其实那些一直以来不为人们所发现的东西，其实就存在于人的自身，而自控力就是那把能够开启人的观察力和征服力的钥匙。"

对于自控力的重要性，很多人都有感受，知道自控力会影响一个人的心智水平、人际关系和事业成败，也知道自己应该控制生活的方方面面。自控力强的人，能够冷静地对待周围发生的事件，有意识地控制自己的思想感情，约束自己的行为，成为驾驭自我的主人。

面对各种各样的诱惑，许多人渐渐迷失在追名逐利的洪流中，甚至开始放纵自己，通过各种方式来麻醉自己，结果只能是伤人伤己、自欺欺人。因此，培养自控力已变得至关重要。一个人只有拥有一种超强的自控力，才能有效地管理自己，管理人生。

一个人自我控制的秘密源于他的心理和思想。我们经常在头脑中贮存的东西会渐渐地渗透到我们的生活中去。如果我们是自己思想的主人，如果我们可以控制自己的思维、情绪和心态，那么，我们就可以控制生活中可能出现的一些情况。

自控力是我们每个人都应该拥有的能力，它是一种心灵的力量，也经常被认为是一种美德。一个人只有学会控制自己的情绪、欲望，才能凝聚正能量，做内心强大的自己。

目　录

第三章　改变心态，由内而外控制自己

第四章　守得住欲望，抵得住诱惑

第五章　用目标约束自己，掌控人生的方向

第六章　控制好自己的言行，突破交往的障碍

第七章　时间都去哪儿了，实现对时间的管理

第八章　意志坚定，做内心强大的自己

第九章　掌控自我，做生活中的自控达人

附　录

超级自控力

自控力

—如何进行有效的自我管理

第一章　破解情绪的密码，
掌控情绪的开关

克制冲动，别逞一时之快

生活中每个人都免不了动怒，愤怒是一种正常的情绪，通常它是健康的。但是当它失控并且变得具有破坏性时，它能使你在工作、人际交往甚至一切生活琐事中出现问题。而且，它还会让你感觉到你正被一种无法预见的、强大的情绪所控制。

愤怒情绪像一匹野马，一旦它转化为行为，就可能严重伤害自己和他人。在生活中我们常常看到，有些人因为一些微不足道的小事而发怒，做出不该做的事，引发恶性斗殴，甚至导致人命案子的发生，最后他们锒铛入狱，事后常常后悔不已。

1943年，第二次世界大战期间，著名的巴顿将军去后方医院探访伤员，发现一名士兵蹲在一个箱子上，身上没有一点受伤的痕迹，巴顿问他为什么住院，他的回答是："我受不了了。"医生见状赶忙过来向巴顿将军解释说："他得的是'急躁型中度精神病'，这是他第三次住院了。"巴顿听后勃然大怒，很多天积累起来的火气一下子都发泄在这个士兵的身上，他狠狠地痛骂那个士兵，甚至用手打士兵的脸，大声地吼叫："我绝对不允许这样的胆小鬼藏在这里，他的行为是我们的耻辱，已经严重损坏了我们的荣誉！"说完十分气愤地离开了……第二次来探访的时候，巴顿将军又发现了另外一名没有受伤的士兵住在医院，顿时又是火冒三丈，他阴沉着脸问："你得的是什么病？"士兵明显已经被巴顿将军吓着了，他哆嗦着回答："我有精神病，能听到炮弹飞过，但听不到炮弹的爆炸声。"巴顿将军大怒，骂道："你真是个胆小鬼！你是我们集团军的耻辱，你必须马上回去参加战斗，你真应该被枪毙！"可怜的士兵当然逃不过巴顿的一顿耳光……很快，巴顿的行为传到了艾森豪威尔将军的耳中，他说："看来巴顿已经到达顶峰了……"

巴顿是一名十分出色的将军，他战功显赫，但正是因为狂暴的性格，他葬送了自己的前程。面对有心理疾病的士兵，巴顿将军并没有认真地了解情况，在他眼中可能只有肉体上的痛苦才能算得上受伤与疾病。他对手下大打出手，几乎失去了理智，完全没有一个指挥官的风度，他的愤怒使他在人们心中的形象被破坏，他虽然有大将的威严，但少了领袖的慈祥，这是他丧失晋升机会的重要原因。

愤怒常常使人丧失理智，做出不计后果的言行，最终使自己深受其害。因此，在日常生活中，当你被激怒时，千万不要轻易发火。谁若轻易地做了怒气的俘虏，谁的生活就会一团糟，谁就有可能成为愚蠢与后悔的人。

下面是消除愤怒情绪的一些具体方法：

（1）请可信赖的人帮助你。让他们看见你动怒的时候，便提醒你。你接到信号之后，可以想想看你在干什么，然后努力推迟动怒。

（2）不要总是对别人抱有期望。只要没有这种期望，愤怒也就不复存在了。

（3）当你愤怒时，首先冷静地思考，提醒自己：不能一直消极地看待事物，现在也不能如此，自我意识是至关重要的。

（4）主动控制。主要是用自己的道德修养、意志修养缓解愤怒的情绪。有的人在要发泄怒气时，心中默念"不要发火，息怒、息怒"，会收到一定的效果。

（5）当你想用愤怒情绪教训人时，可以假装动怒，提高嗓门或板起面孔，但千万不要真的动怒，不要以愤怒所带来的生理与心理痛苦来折磨自己。

（6）当你要动怒时，花几秒钟冷静地描述一下你的感觉和对方的感觉，以此来消气。最初10秒钟是至关重要的，假如你能够熬过这10秒钟，愤怒便会逐渐消失。

（7）当你发怒的时候，要时刻提醒自己，人人都有权根据自己的选择来行事，如果一味禁止别人这样做，只会加深你的愤怒。你要学会允许别人选择其言行，就像你坚持自己的言行一样。

（8）改变自己的心态。愤怒通常是虚荣心强、心胸狭窄、感情脆弱、盛气凌人所致，对此，可以用疏导的方法将烦恼与怒气导引到高层次，升华到积极的追求上，以此激励起发奋的行动，达到转化的目的。

总而言之，在日常工作中，一个人必须要提高自己控制愤怒情绪的能力，时刻提醒自己，有意识地控制自己情绪的波动。千万不要动不动就指责别人，喜怒无常，改掉这些坏毛病，努力使自己成为一个容易接受别人和被人接受、性格随和的人。只有这样，你才能深悟"淡定"二字的含义。

警惕"踢猫效应"，不要将怒火转嫁他人

心理学中有一个著名的"踢猫效应"：

　　老板迈克对公司的事务不满意。他举行了一次集会，并在会上说："同人们，现在我们必须组织起来，你们有人上班迟到，有人下班早退，甚至没有接受工作的神圣责任。现在，我以公司董事长的身份重整一切。从今开始，如果每个人都能好好处理工作，并尽最大的努力，就会有一个很有前途的公司出现。"

　　像许多人一样，迈克的意图是好的，但是几天以后在乡村俱乐部的一次午餐中，他看报看得太入迷了，以致忘了时间。等他意识到时，大为吃惊，几乎把咖啡杯摔掉。他叫道："啊！我的天！我非得在十分钟内赶回办公室不可。"他跳起来，冲到停车场，迅速跳进汽车内把车开走。他在公路上时速90英里（1英里约合1.609千米），车几乎飞了起来，因而被交通警察开了超速开车的罚单。

　　迈克愤怒到了极点。他对自己抱怨说："今天真是活该有事。我是一位善良、守法、纳税的公民，这个警察居然跑来给我一张罚单。他该做的是去抓罪犯、小偷与强盗，而不是找纳税公民的麻烦。我汽车开得快并不表示不安全，真是可笑！"

　　他到办公室时，为了转移别人的注意，就把销售经理叫进来会谈。他很生气地问一件销售案是否已经定案了，销售经理说："迈克，我不知道在哪儿出了什么差错，我们丢掉了这笔生意。"

　　现在，迈克变得很烦乱。他愤怒地对销售经理喊道："我已经付你18年薪水了！现在我们终于有一次机会做大生意，它能使我们扩大生产线，而你到底做了什么呢？你把它弄吹了。朋友，让我告诉你，你最好把这笔生意争回来，否则我就开除你。你在这里待了18年，并不表示你有终生雇用合同。"

　　再看看这位销售经理的情形吧。他走出迈克的办公室，气急败坏地抱怨说："真是没事找事。18年来我一直为公司卖力，我负责管理所有的生意，公司靠我才经营下去。迈克是一位傀儡，公司少了我就会停滞不前。现在仅仅因为我丢掉一笔生意，他就恐吓说要开除我。岂有此理！"

销售经理嘴里仍然嘀咕不停。他把秘书叫进来问："今天早上我给你的那五封信打好了没有？"她回答说："没有。难道你忘了，你告诉我希拉的客户服务第一优先吗？所以我一直在做那件事。"销售经理冒火起来说："不要找任何卑鄙的借口。"他指责道："我告诉你，我要这些信件赶快打好，如果你办不到，我就交给其他人去做。你在这里待了七年并不表示你有终生雇用合同。这些信今天要寄出去，不得有误。"

请继续看这位秘书的情形。她用力关上销售经理办公室的门，并对自己抱怨说："真是烦透了，七年来我一直尽力做好这份工作，几百小时的超时工作却从未有一文加班费，我比其他三个人做得更多，我使公司团结在一起。现在就因为我无法同时做两件事情，他就恐吓说要开除我。岂有此理！"

她走到接线生那里说："我有一些信件要你帮忙。我知道这并不是你分内的工作，但你除了坐在那里偶尔听听电话以外，并没有做什么事。这是急事，我要这些信件今天就寄出去。如果你无法办到，最好让我知道，我会叫别人做。"

请再看接线生的情形吧。她大发脾气。"这真是从何说起！"她说，"我是这里最努力的职员，且待遇最低，我要同时做四件事，每次他们进度落后时，总要找我帮忙，真是不公平。要我帮忙还用这种态度，真是开玩笑！如果没有我，公司的事情早就停顿了。再说他们也没有办法用两倍的薪水找到任何人来接替我的工作。"她把信件打出来了，但是她做的时候心里很不是滋味。

她回到家时仍在发怒。进了屋子，她猛地关上门，并直接进入孩子的小房间。她看到的第一件事情是，她12岁的儿子正躺在地板上看电视，第二件事情是他的短裤破了一个大洞。在极度愤怒之下她说："我告诉你多少次放学回家后要换上你的游戏服。我供养你，送你到学校念书，还要做全部的家务，已经被折磨得要死。现在你必须到楼上去。今天你的晚饭就别吃了，以后三个星期不准看电视。"

现在，再看看她12岁的儿子。他走出小房间说："真是莫名其妙。我正在替她做一些事情，但是她不给我机会解释到底发生了什么事。"大约就在这时候，他的猫走到前面。小孩重重地踢了它一脚，并说："你给我滚出去！你这臭猫。"

猫可能是这一连串事件中唯一无权改变事件的对象，因为迈克的烦恼，最后导致接线生家里的猫被踢出去。

就如同上述"踢猫效应"一样，人的不满情绪和糟糕心情，一般也会沿着等级和强弱组成的社会关系链条依次传递下去，由金字塔尖一直扩散到最底层，无处发泄的最小的那一个元素，则成为最终的受害者。

一般而言，人的情绪会受到环境以及一些偶然因素的影响。当一个人的情绪变坏时，潜意识会驱使他选择下属或无法还击的弱者进行发泄。受到上司或者强者情绪攻击的人又回去寻找自己的出气筒。这样就会形成一条清晰的愤怒传递链条，最终的承受者，即"猫"，是最弱小的群体，也是受气最多的群体，因为也许会有多个渠道的怒气传递到他这里来。

在现实的生活里，我们很容易发现，许多人在受到批评之后，不是冷静下来想想自己为什么会受批评，而是心里面很不舒服，总想找人发泄心中的怨气。其实这是一种没有接受批评、没有正确地认识自己错误的一种表现。受到批评，心情不好这可以理解，但批评之后产生了"踢猫效应"，这不仅于事无补，反而容易激发更大的矛盾。

一个人的不良情绪，会像无形的波浪，一圈一圈地荡开，把周围许多人或事牵连在一起，造成大家的不悦。所以要加强修炼，要学会克制，尽量不发牢骚，尽量隐藏烦恼与懊丧，不要错怪一个人，不要冤枉一个人，不要让不良情绪蔓延开来，否则对你没有好处，对大家也都没有好处。

为预防不良情绪蔓延，建议大家不妨从以下几个方面努力做些工作。

（1）当你遇到烦恼的事时，要习惯控制自己的情绪，而不应把这些不愉快的情绪传染、转嫁到他人身上。

（2）每天面带微笑，因为微笑就像阳光一样能给周围的人带来快乐。

（3）用积极思维看待事情，不要只看坏的一面，并提醒自己不要忘记其他方面取得的成就。积极的思维能使人在悲观中看到前途，化冷漠为热情，变焦虑为镇静。

控制住情绪，就控制了世界

我们每个人都生活在情绪的海洋中。情绪这东西十分微妙，难以言传，它看不见，摸不着，对我们的影响往往超乎想象。

情绪是人对客观事物态度的体验，是人的需要获得满足与否的反映。当客观事物能够满足人的需要时，人就会产生积极的情绪体验，如高兴、喜悦、满意；反之则会使人产生消极的情绪体验，如不满、生气、悲痛、愤怒等。情绪让我们每个人张扬自己的活力，但有时也让我们无法加以应对。

一名初探歌坛的歌手，他满怀信心地把自制的录音带寄给某位知名制作人。然后，他就日夜守候在电话机旁等候回音。

第一天，他因为满怀期望，情绪极好，逢人就大谈抱负。第十七天，他因为情况不明，情绪起伏，胡乱骂人。第三十七天，他因为前程未卜，情绪低落，闷不吭声。第五十七天，他因为期望落空，情绪坏透，拿起电话就骂人。没想到电话正是那位名制作打来的。他为此而自断了前程。

我们在为这名歌手深深惋惜的同时，也更深刻地明白了不良情绪的危害。

人应该学会控制自己的不良情绪，调动自己的积极情绪，这样才能对工作充满热情，对生活充满自信，做事有效率，并可以依靠自己的智慧取得一个又一个成功。

卡耐基说："学会控制情绪是我们成功和快乐的要诀。"能否控制自己的情绪是一个人心理素质的体现。有效地管理和调控自己的情绪，就能够改变自己的处境，也能使自己面对不如意的现实。

欧玛尔是英国历史上很有名的一位剑师，他有一个实力相当的对手，两人互相挑战了30年，却一直没有分出胜负。有一次，两人在决斗时，欧玛尔的对手忽然从马上跌了下来，欧玛尔看见后立刻拿着剑跳下马来。这可是一个难得的机会，只要一剑刺过去，欧玛尔肯定会赢得这场比赛。欧玛尔的对手眼看自己大难临头，马上要败下阵来，所以非常愤怒，情急之下朝欧玛尔的脸上吐了一口口水，不仅为表达自己的愤怒，也为羞辱欧玛尔。令他始料未及的是，欧玛尔忽然停了下来，对对手说："你起来吧，我们明天再继续决斗。"欧玛尔的对手面对欧玛尔突如其来的举动，十分惊诧，显得有点不知所措了。

欧玛尔向这位同自己决斗了30年的对手说："这30年来，我一直在训练自己，让自己不带一丝一毫的情绪作战，所以，我能在决斗中保持自己的冷静，从而立于不败之地。当你朝我吐口水的时候，我的确发怒了，但如果我杀死你，我肯定不会有胜利的感觉，所以，明天我们接着决斗。"

但是，决斗再也没有继续，因为欧玛尔的对手成了他的学生，而且这个人也想成为一名不带任何怒气作战的剑师。

人的感情是很复杂的，且不容易控制，很多时候，人们常常由于感性的冲动而做出一些不理智的事情，结果后悔莫及。但是，一个真正有理智的人，无论在处理什么事情的时候都不会感情用事，不会让感情控制住自己，相反，他会用理性支配自己的行为。因此，我们要提高自己的理智，用理性来控制感性，把握感情的流向。

在拿破仑·希尔事业生涯的初期，他曾受到个人情绪问题的困扰。有一次，拿破仑·希尔和办公室大楼的管理员产生了误会。这场误会导致他们两人相互憎恨，甚至演变成了激烈的敌对状态。这位管理人员为了显示他对拿破仑·希尔一个人在办公室工作的不满，就把大楼的电灯全部关掉。这种情形已连续发生了几次。一天，拿破仑·希尔在办公室准备一篇预备在第二天晚上发表的演讲稿，当他刚刚在书桌前坐好时，电灯熄灭了。

拿破仑·希尔立刻跳起来，奔向大楼地下室，找到了那位管理员并破口大骂。他用无比难听的词痛骂管理员，直到他再也找不出更多的骂人的词句，才放慢了速度。这时候，管理员直起身体，转过头来，脸上露出开朗的微笑，并以柔和的声调说道："你今天有点儿激动，不是吗？"管理员的话似一把锐利的剑，一下子刺进了拿破仑·希尔的身体。拿破仑·希尔的良心受到了谴责。待他控制了愤怒的情绪后，他平静了下来，他知道，他不仅被打败了，而且更糟糕的是，他是主动的，又是错误的一方，这一切只会更增加他的羞辱感。于是，拿破仑·希尔充满歉意地说："对不起！我为我的行为道歉——如果你愿意接受的话。"管理员脸上露出微笑，他说："凭着上帝的爱心，你用不着向我道歉。除了这四堵墙壁以及你和我之外，并没有人听见你刚才说的话。我不会把它传出去的，我知道你也不会说出去的。因此我们不如就把此事忘了吧？"

拿破仑·希尔向管理员走过去，抓住他的手，使劲握了握。拿破仑不仅是用手和对方握手，更是用心和他握手。在走回办公室的途中，拿破仑·希尔感到心情十分愉快，因为他终于鼓起勇气，化解了自己的情绪。

之后，拿破仑·希尔下定决心，以后绝不再失去自制。因为当一个人不能控制自己的情绪时，另一个人——不管是一名目不识丁的管理员还是有教养的绅士——都能轻易地将自己打败。

生活中，扰人心情的事情时有发生，并成为影响我们情绪的罪魁祸首。我们要看清自己的弱点，不要受情绪的影响，要用意志来控制自己，从容应付突发事件。

学会控制自己的情绪，对于每个人而言都是相当重要的，它是我们成功的前提，更是我们身心健康的保证。做自己情绪的主人，不仅能让你重新获得主导权，而且你会发现，掌控自己的情绪以后，所有的难题都更容易轻松解决！

气大伤身，何必为小事生气

生活中，我们经常看到人们愁眉苦脸，抑郁伤感，发脾气，说起来不过是为了一些微不足道的小事。人生是短暂的，因一些鸡毛蒜皮、微不足道的小事而耿耿于怀，为这些小事而浪费你的时间、耗费你的精力是不值得的。

野马是非洲众多野生动物中的一种，可是野马的死亡数量每年居高不下。

根据调查研究发现，野马的死亡原因并非是人为的猎杀。大多数野马的死亡原因是一种叫吸血小蝙蝠的动物，它们喜欢趴在野马的小腿上，用锋利的小牙豁开一个小口，美餐一顿。可是这么小的蝙蝠真的能让体形巨大的野马因失血过多而死吗？

经过一番调查发现，吸血小蝙蝠所吸的血量并不能对野马造成失血致死的危害。当吸血小蝙蝠吸血的时候，野马会感觉到腿上有东西，于是便使劲地蹬后腿，想摆脱那小东西，但是蝙蝠抓得牢牢的，不吸到肚皮鼓鼓，是不会松口的。野马越是发了疯地狂奔，越无济于事，反而吸引了更多的蝙蝠。就这样野马由于过度狂奔而死于疲劳。

其实野马如果不理会蝙蝠，让它吸个大饱也不会有什么大碍，更不会因此丧命，可它们就是因为这一点小事而气急败坏，最终丧命。现实生活中，也不乏这样的人，他们实在太在意身边一些琐事了。其实，很多人的烦恼，并不是由多么大的事情引起的，而恰恰是来自对身边一些琐事的过分在意、计较和较劲。

古时一位老妇，常为一些鸡毛蒜皮的小事生气。有一天，她去找高僧谈禅论道。高僧听了她的讲述，把她领到一间禅房里，落锁而去。妇人气得破口大骂，骂了许久，高僧也不理会。妇人又开始哀求，高僧还是置若罔闻。

妇人终于沉默了，高僧来到门外，问她："你还生气吗？"妇人说："我只为我自己生气，我怎么会来到这个鬼地方受这份罪？""连自己都不肯原谅的人，怎么能心如止水？"高僧拂袖而去。

过了一会儿，高僧又问："还生气吗？"妇人说："不生气了。""为什么？""气也没办法啊！"高僧又离开了。

当高僧第三次来到门前时，妇人告诉他："我不生气了，因为不值得气！"高僧笑道："你还知道值不值得，看来心中还有气根。"

当高僧迎着夕阳立在门外时，妇人问道："大师，什么是气？"高僧将手中的茶水倾洒于地，妇人视之良久，顿悟，叩谢而去。

现实生活中，让人生气令人发怒的事也许会随时发生，而作为一个有理智的人，为了更好地工作和生活，就需要忍气制怒，如果不忍，任意地放纵自己的感情，首先伤害的可能是自己。

有一位朋友在上班的路上，被一个中年男子指着脸破口大骂："别以为你戴着眼镜，看上去斯斯文文，实际上是个斯文败类，瞧你那矮冬瓜身材，没人会喜欢你……"遭到突如其来、莫名其妙的无端攻击，这位朋友极为气愤，要不是看在对方虎背熊腰，估摸自己打不过他的分上，当时真想给他点儿颜色看看。对方骂了一阵就快步走了，这位朋友却气得不行，一天的心情都不好。第二天，这位朋友才听同事说，那是个疯子，时常有人遭到他的辱骂。朋友顿觉轻松起来，原来是疯子，干吗生他的气呢？

很多时候，人们为了一点儿小事就生上好长一段时间的气，等到想明白了，就会发现一点儿都不值得。

上班时堵车堵得厉害，交通指挥灯仍然亮着红灯，而时间很紧，你烦躁地看着手表的秒针。终于亮起了绿灯，可是你前面的车子迟迟不启动，因为开车的人思想不集中，你愤怒地按响了喇叭，那个似乎在打瞌睡的人终于惊醒了，仓促地挂上了一挡。而你却在几秒钟里把自己置于紧张而又不愉快的情绪之中。

一个人要生气，总会有生不完的气。既然如此，何不更旷达地面对人生，少为一些无关紧要的小事生气？多找快乐，过好珍贵的每一天。

英国有位著名作家曾经说过："为小事生气的人，生命是短暂的。"如果你真正理解了这句话的深刻含义，那么你就不会再为一些不值得一提的小事情而生气了。

我们的心灵在任何时候都应该是沉着的，不要为一些微不足道的小事而生气，生气与烦恼只暴露了自己面对困难时的无能而已，只有沉着与冷静才是面对困难并解决它们的最好办法。所以说，我们不应让一些小事影响了自己的心情，而是要用豁达的心态去面对，这样才会有好的结果。

克服恐惧情绪，做个勇敢的人

恐惧是人的一种基本情绪。每个人在社会生活的方方面面都会产生恐惧，特别是当遇到陌生的环境或不利的环境时，恐惧感会更加强烈。

一个游客为了领略山间的野趣，一个人来到一片陌生的山林，左转右转迷失了方向。正当他一筹莫展的时候，迎面走来了一个挑山货的美丽少女。

少女嫣然一笑，问道："先生是从景点那边走迷路的吧？请跟我来吧，我带你抄小路往山下赶，那里有旅游公司的汽车等着你。"

游客跟着少女穿过丛林，阳光在林间映出千万道漂亮的光柱，晶莹的水汽在光柱里飘飘忽忽。正当他陶醉在这美妙的景致时，少女开口说话了："先生，前面一点就是我们这儿的鬼谷，是这片山林中最危险的路段，一不小心就会摔进万丈深渊。我们这儿的规矩是路过此地，一定要挑点或者扛点什么东西。"

游客惊问："这么危险的地方，再负重前行，那不是更危险吗？"

少女笑了，解释道："只有你意识到危险了，才会更加集中精神，那样会更安全。这儿发生过好几起坠谷事件，都是迷路的游客在毫无压力的情况下一不小心掉下去的。我们每天都挑东西来来去去，却从来没人出事。"游客还是犹豫不决，但他心里充满了对鬼谷的恐惧。

"难道没有别的办法吗？"游客看起来很害怕。

"只能从这里走了，只要注意力集中一些就不会出问题。"少女耐心地开导游客。

天色渐渐晚了，游客望着眼前的鬼谷不禁冒出一身冷汗。但没有办法，他只好接过少女递过来的两根沉沉的木条，扛在肩上，小心翼翼地走过这段"鬼谷"路。

游客回头看了看这令人生畏的鬼谷，他发现鬼谷并不像他想象中那样深，但为什么自己开始不敢跨越呢？

这便是恐惧在作怪了。

恐惧就在我们身边，每一个人都会感觉到它的存在。法国作家蒙田曾经说过："在这个世界上，恐惧是我最为害怕的一件事。"正如蒙田所说，恐惧是令人害怕的事，是一种人类及生物的心理活动状态，是情绪的一种。从心理学的角度来讲，恐惧是一种有机体企图摆脱、逃避某种情境而又无能为力的情绪体验。

有一个小伙子，从部队复员后被安排在某工厂当电工。小伙子上班不久，老电工就告诫他说，干电工可要小心，因为整天跟"电老虎"打交道，可不是闹着玩的。老电工还举实例说，某年某月，一名电工触电身亡，那人死的时候面目扭曲、身体蜷缩，可吓人呢。小伙子听了以后，顿感恐惧，在工作中更是胆小如鼠，整天提心吊胆怕被电死。

有一天，小伙子爬上一根电线杆去工作。这时，传达室里的一位老头在下面喊他，说有他的电话，小伙子答应一声，就准备下来。就在转身的时候，小伙子的后背触到一根电线，在场的人只听到"啊"的一声，小伙子就缩在电线杆上不动了。

人们把他抬下来，发现他已经死了，样子跟电死的人一样，面目扭曲、身体蜷缩。

但人们事后发现，小伙子被"电"死时，电闸是断开的，他接触到的那根电线根本就没有电。小伙子是被吓死的。

恐惧是我们心中的魔鬼。当小伙子受到刺激的时候，恐惧让他的身体机能无法承受瞬间的变化，他因为心存恐惧而送掉了性命。我们在为小伙子惋惜的同时，也应该认识到恐惧的危害原来如此之大。

恐惧起源于我们自身，发自我们内心，是我们自己吓怕了自己。事实上，也确实如此，有些事情本身并不恐惧，往往是我们对它们了解不够，或者根本不了解。从博弈的角度上讲，也就是无形中高估、放大了对手的能力，贬低了自身的能力，因此，失去自信心，不相信自己能战胜对手。

一位心理学家带他的学生去做一个心理试验。他把学生们带到了一个没有开灯的黑屋子里，屋子里有一座窄窄的桥。心理学家问："谁敢从这座桥上走过去？"不服气的学生们一个接一个踏上那座窄桥，并顺利地走了过去。

心理学家打开了一盏幽幽的小灯。灯光昏暗，但是学生们看清楚了桥下是漆黑的水潭。谁也不知道那水有多深，而且在幽幽的灯光下，水潭显得更加诡异莫测。心理学家再次问："现在，谁敢从这座桥上走过去？"学生们有些犹豫，但是大部分人还是走上那座桥，依旧小心翼翼地走了过去。

心理学家再次打开一盏灯，这盏灯的灯光较先前的那盏亮多了，学生们看到水潭里的景象，心头不禁打冷战。只见水潭里有数不清的蛇游来游去，有一条眼镜蛇还吐着长长的芯子昂头冲着那座桥。学生们无不倒吸一口冷气，心里庆幸自己幸好没有掉下去。心理学家再次问："这下，谁还敢走过那座桥？"几乎没有学生敢再踏上那座桥了。

这时，只见心理学家踏上了那座桥，稳稳地走到了对面，学生们都惊呆了。心理学家没有说话，只是再次打开一盏更亮的灯让学生们细看，原来桥和水潭之间密布着一张细细的铁丝网，学生们面面相觑。

心理学家这时开口了："同学们，这就是我们心灵的力量。我们不知道，恐惧正是来自我们的内心。在灯开亮之前，我们所有人都能够小心地走过那座桥，那时候，黑暗对我们来说，不值得恐惧。反而是黑暗让我们变得小心，而不至于出错。但是，当灯被一盏盏打开，我们被自己内心的恐惧限制住了，反而不敢迈步走向那座桥。其实，我们任何一个人都可以走过那座桥。过那座桥，就是我们内心的力量。只要我们不被自己内心的恐惧所震慑，我们都有能力轻松地过桥。"

其实，很多时候恐惧都是我们自己强加给自己的。当不祥的预感、忧虑的思想在你心中发作时，你不应当纵容它们逐渐长大，你应该拿出勇气与它们相对抗，只要有勇气与信心，从心态上战胜恐惧，你就可以步步向前，迈向光明。

伟大的歌剧男高音卡罗素，有一次患上了舞台恐惧症。由于强烈的恐惧，他的喉咙的肌肉紧缩，因而发不出声音来。

由于只有几分钟的时间就要登台了，他汗流满面，极为羞愧，甚至还因为恐惧和惊惶，而全身颤抖。

他说："我不能唱了，他们会讥笑我。"于是他不断地对自己说："我要唱歌了！我要唱歌了！"

他的潜意识开始产生作用，发挥出他巨大的能量。到该他登台的时候，他走上舞台，唱出了悦耳而和谐的歌声，迷住了所有的听众。

很多事情，你现在觉得害怕，但是一旦你面对它，并驾驭它以后，它很可能会变成你所喜欢的。恐惧不是不可战胜的，一旦有了恐惧心理，应当立刻拿出勇气来与它对抗。正如罗斯福所言："克服恐惧最佳的对策，就是勇敢地面对它。"

每个正常的人都可以自发地控制情绪，可以改变自己对事物的认识，用理性和行动控制自己的一系列想法，克服自己的恐惧心理，形成无畏思想，激励自己采取能够战胜恐惧的积极行动。

缓解压力，排除不良情绪的干扰

在一切对人不利的影响中，最容易使人颓丧、患病和短命夭折的就是不良情绪和恶劣心境。相反，心理平衡，笑对人生，特别有利于身心健康，更有利于人们发展。

在我们生活的大千世界中，每个人都要面对许多人、事的变化，都要受到各种各样的刺激和压力。情绪反应不仅要通过心理状态，而且要通过生理状态的广泛波动来实现。当你的情绪被困扰的时候，你是用疯狂的娱乐麻痹自己，还是沉浸在情绪中不能自拔，还是冷静地面对，积极解决？我想大多数人都会采用前两种方式，只有少数人能够冷静地面对。其实，冷静地处理自己的情绪并不难，只要我们学会自我心理调节就可以了。

有这样一个故事：

有甲、乙、丙三种人，周末同时遇到一件事：早上大家正在熟睡时，一个不自觉的人为做家具锯木头，噪声非常大。这时候甲种人会火冒三丈，冲出去与其理论，大喊大叫，与人争吵，但无济于事；乙种人在家里嘟嘟囔囔，心怀不满，很焦虑，但是不敢说或不愿意说，比较压抑；丙种性格的人呢，他这时候也会不高兴，也会下去与锯木头的人理论，但当与锯木头的人无法沟通时，丙种人会穿起球鞋跑步去，或拎起菜兜子买菜去。总之，丙种人采取了聪明之举，主动回避，以转换环境的方式化解了不愉快的情绪。在这个事件中，丙种人的做法是压力的处理者，甲种人的做法是压力的寻求者，乙种人则是压力的承受者。

从生理学的角度来看，在这个过程中，甲种人是这样的思维方式："是你让我火冒三丈"，把原因完全推到外部了，实际上这个使你火冒三丈的人是你自己呀！是你让别人操纵了你的情绪，所以你生气了。其实，事件本身并不会对你造成伤害，但你的反应与思维模式却会伤害你。再看乙种人，他因为要承受这种心怀不满又不愿意说出来的压力，非常压抑，时间久了可能导致心理压抑。丙种人因为以平和的心态对待事件，感受到的压力最小。前两种人可能因情绪不好而引起健康问题，而丙种人会调整不良情绪，化解压力，保持一个健康的心理状态。

我们主张大家多学学丙种人的良好的个性，在对待生活的大大小小事件中要学会调整不良情绪，学会处理压力。

当今社会，激烈的竞争、文化的冲突和物质的诱惑无时无刻不在扰动我们的心灵，我们常常感到忧愁、焦躁、不安、愤怒，心理压力越来越大。倘若长期不能释放压力，人就会患上各种心理疾病。因此，我们要学习一种新的生存技能——学做自己的心理医生，帮助自己化解工作与生活中的各种心理压力。

1. 适度转移和释放压力

面对各种各样的压力，转移是一种非常好的方法。压力太重背不动了，那就放下来不去想它，把注意力转到让你轻松快乐的事上来。等心态调整平和以后，已经坚强起来的你还会害怕面前的压力吗？比如做一下体育运动，能使你很好地发泄情绪，运动完之后你会感到很轻松，这样就可以把压力释放出去了。

2. 宣泄、倾诉

当遇到过大的压力和烦恼时，跟家人、师长或朋友聚聚会，跟他们讲讲你遇到的问题，并向对方虚心求教，以此得到对方的指导和建议。宣泄时你可以请他们一同去郊游或打球等。这些都是缓解压力并增进友谊的良好行为。记住，绝对不要将不愉快的事情隐藏在自己的心里。

3. 用积极的态度面对压力

在生活中，每个人都会或多或少地遇到各种压力。压力可以是阻力，也可以变为动力，就看自己如何对待。社会是在不断进步的，人在其中不进则退，所以当遇到压力时，明智的办法是采取一种比较积极的态度来面对。实在承受不了的时候，也不要让自己陷入其中，你完全可以通过涂涂画画、看看书刊、听听音乐等方式，让心情慢慢放松下来，再重新去面对。到这时往往就会发现压力其实也没那么大。

许多人总喜欢把别人的压力放在自己身上。比如看到别人升职、发财，就总会烦闷，为什么会这样呢？为什么不是自己呢？实际上，只要你自己尽了力，做好自己的工作就可以了，有些东西是急不来也想不来的。与其让自己陷入无谓的烦恼，不如想一些开心的事，多学一些知识，让生活充满更多色彩。

4. 对压力心存感激

人的一生是不会没有一点压力的。的确，想想并不曲折的人生道路，升学、就业、跳槽，从偏远的乡村走向繁华的都市……我们的每一个足迹都是在压力下走过的。没有压力，我们的生活也许会是另外一个模样。当我们尽情享受生活乐趣的时候，应该对当初让我们曾经头疼不已的压力心存一份感激。

5. 适当地休息

过重的劳动会导致人生理疲劳，效率低下，从而导致过分的焦急与紧张。适当地休息不但会缓解大脑疲劳，而且可以放松一下紧张的心情，减轻心中的压力。特别是上班族，周末应好好休息一下，毕竟工作不是生活的全部。

总之，生活本来就是丰富的，任何人的生活都不是一成不变的。我们需要一帆风顺的快乐，但也该接受挑战和压力带给我们的磨炼。

静下心来，远离浮躁的情绪

在我们的心灵深处，总有一种力量使我们茫然不安，让我们无法宁静，这种力量叫浮躁。浮躁指轻浮，做事无恒心，见异思迁，不安分守己，总想投机取巧。

浮躁随时都可能钻出来扰乱我们的心境，让我们变得心浮气躁，急功近利。

小李是某研究所的文艺学研究员。搞研究需要耐得住寂寞，坐得住冷板凳，快不得，急躁不得。有一天，小李在书库里翻了大半天的资料，忽然烦躁起来，心想：这样做效率真够低的，得多长时间才能出新的有价值的研究成果啊，何年何月才能出名啊！

小李开始怀疑自己的选择。为什么自己当初要选择进研究所搞研究呢，三年已经过去了，那些下海经商的同学现在已经有了自己的房子，并且大部分已经结婚，而自己现在还是住在单位的单身宿舍里。

一想起这些，小李的心变得更加浮躁，没有办法静下心来阅读资料。直到快到该项研究的最后期限，他才找出了同类研究课题的一些研究成果，稍微改编了一下，算是完成任务了。

但是他的论文发表之后，研究所很快就接到了投诉电话，说他的文章中整段整段地都出现了抄袭现象。小李知道自己犯了极大的错误，再也没有颜面留在研究所里了。

小李因为浮躁，最终不仅没有成名，反而落得个失业的结局，这是需要人们警醒的：要想做成事，满脑子只想去寻找一条捷径而没有一份脚踏实地的平淡与从容是不行的。

浮躁是成功、幸福和快乐的绊脚石，是人生最大的敌人。如果一个人浮躁，容易变得焦虑不安或急功近利，最终会失去自我。

浮躁给人带来的危害是很大的。浮躁的人自我控制力差，容易发火，不但影响学习和事业，还影响人际关系和身心健康。

兰兰是名牌大学的优秀毕业生，各方面表现优异的她有着一种近乎本能的傲气。走入工作岗位后，她信心十足，一心想做出一点成绩。然而，上班后她才意识到，每日她处理的基本都是一些琐碎的工作，既不需要表现出太多的能力，也同样没有什么成效。没有多久，兰兰就产生了浮躁的情绪，而且还时常感到很累。

一次，公司开会，他们部门的员工在公司通宵加班准备文件。由于她是新人，所以，仅仅给她分配了装订和封套的工作。经理一再叮嘱："一定要将所有工作做好，别到时候弄得措手不及。"可是，在她的意识中，如此简单的工作，又有什么难的呢？因此，经理的再三叮嘱，她感到一点意义都没有。

看着其他同事都在忙碌着，她一点也不想过去帮忙，只是在那里浏览网页。后来，文件终于交到她手里，她开始了自己的装订工作。她一边打瞌睡，一边装订，但刚刚订了十几份，订书机的钉没有了。她有些不耐烦地打开订书钉的纸盒，但里面已经没有订书钉了。

这下她马上精神了好多，立刻到处寻找，不知为什么，平时满眼皆是的小东西，现在竟连一个都找不到。她抬头一看，现在已是夜里1点半了，而文件必须在早晨8点会议召开前就发到代表手中。

兰兰马上将这件事报告给经理。经理立刻生气地说道："不是告诉你做好准备吗？这点小事都不用心，真不知道你们大学生现在脑袋里除了浮躁，还有什么？"她当时感到十分羞愧，这一刻，她才发现长久以来积聚在自己心里的浮躁情绪是多么害人。别无选择，她必须完成自己的工作。穿越了大街小巷，在凌晨5点的时候，她找到一家昼夜服务的商务中心，买到了订书钉。最后，她终于赶在8点开会之前，将文件发到了代表手中。

事后，她提心吊胆地等着经理骂她，但出乎意料的是，经理只对她说了一句："有时让一个人感到身心疲惫的不是工作，而是自己浮躁的心。"

轻浮、急躁，对什么事都深入不下去，只知其一，不究其二，往往会给工作、事业带来损失。戒急躁要求我们遇事沉着、冷静，多分析思考，然后再行动。

不少人办事都想一挥就成，一蹴而就，他们似乎忘了一点，做什么事情都有一定的规律，都得按一定的步骤行事，欲速则不达。

有一位德国考古学家，为了找寻古印加帝国文明的遗迹，不远万里来到南美的丛林中。他雇用了一些当地的土著人作为向导及挑夫，在一行人浩浩荡荡地朝着丛林的深处行进的过程中，总是考古学家先喊着需要休息，所有的土著人只好停下来等候他。

那些土著人的脚力确实过人，尽管他们背负笨重的行李和器材，仍是健步如飞。考古学家虽然体力跟不上，但也希望能够早一点到达目的地，一偿平生的愿望，好好地研究一番古印加帝国文明的奥秘。

到了第四天，考古学家一早醒来，便立即催促着打点行李，准备上路。不料，翻译却说土著人拒绝出发。

土著人的拒绝行动令考古学家恼怒不已。经过仔细沟通，考古学家终于了解，这里的土著人自古以来便流传着一项神秘的习俗：在赶路时，他们皆会竭尽所能地拼命向前冲，但每走上三天，便需要休息一天。

考古学家对于这项习俗产生了强烈的兴趣，通过翻译询问向导，为什么在他们的部族中，会留下这么耐人寻味的休息方式。向导很庄严地回答考古学家的问题，道："那是为了让我们的灵魂，能够追得上我们赶了三天路的疲惫身体。"

考古学家听了向导的解释，心中若有所悟，沉思了许久，终于展颜微笑。他认为，这是他这一趟考古旅行中，最有价值的一项收获。

事情往往就是这样，你越着急，你就越不会成功。因为着急会使你失去清醒的头脑，结果在你奋斗的过程中，浮躁占据着你的思维，使你不能正确地制订方针，不能稳步前进。所以，我们只有正确地认识自己，才不会盲目地奔向一个超出自己能力范围的目标，才能踏踏实实地去做自己能够做的事情。

对于渴望成功的人，应该记住：你着急可以，切不可浮躁。成功之路，艰辛漫长而又曲折，只有稳步前进才能坚持到终点，赢得成功。如果一开始就浮躁，那么，你最多只能走到一半的路程，然后就会累倒在地。

因此，一个人只有控制了浮躁，他才能吃得起成功路上的苦，才会有足够的毅力一步一个脚印地向前迈步，最后走向成功。只有控制好了自己的浮躁情绪，才不会因为各种各样的诱惑而迷失方向。

超级自控力

——如何进行有效的自我管理

第二章　驾驭习惯，

将命运掌控在自己手中

习惯形成性格，性格决定命运

拿破仑·希尔曾说过："习惯能成就一个人，也能摧毁一个人。"

习惯是什么？习惯就是人和动物对于某种刺激的"固定性反应"，久而久之形成的类似于条件反射的某种规律性活动。

据说，点金石是一块小小的石子，它能将任何一种普通金属变成纯金。羊皮纸上的文字解释说，点金石就在海滩上，和成千上万的与它看起来一模一样的小石子混在一起，但真正的点金石摸上去很温暖，而普通的石子摸上去是冰凉的。有一个人在得到了这个秘密后买了一些简单的装备，在海边扎起帐篷，开始检验那些石子。

他知道，如果他捡起一块普通的石子并且因为它摸上去冰凉就将其扔在地上，他有可能几百次地捡拾起同一块石子。所以，当他摸着冰凉石子的时候，就将它扔进大海里。

这样干了一整天，他没有捡到一块是点金石的石子。然后他又这样干了一个星期，一个月，一年，三年，但是他还是没有找到点金石。

他继续这样干下去，捡起一块石子，是凉的，将它扔进海里，又去捡起另一颗，还是凉的，再把它扔进海里。

但是，有一天上午，他捡起了一块石子，这块石子却是温暖的……可他随手又把它扔进了海里——他已经形成了一种习惯，把他捡到的所有石子都扔进海里。他已经如此习惯于做扔石子的动作，以至于当他真正想要的那一块到来时，他还是将其扔进了海里！

这就是习惯，是再自然不过的一个动作，但恰恰是这样的一个不经意的动作，使这个人所有的努力都毁于一旦。

人们常说"习惯成自然"，就是说习惯是一种最省时、最省力的自然动作，因为有习惯存在时，你完全可以不假思索地就经常地、反复地去做某件事了。习惯是一种潜意识的自动功能，是一种不假思索的、多次重复而形成的潜意识行为，一旦养成就难以改变。

习惯虽小，可它的力量却是巨大的，习惯经过反复强化，会在不知不觉中变成一个人本能的一部分，形成一种能左右人行为的神奇力量。有行为科学研究表明：一个人的行为大约只有5%是属于非习惯性的，而剩下的95%都是习惯性的。这么说来，习惯对我们的生活应该有着绝对的影响，习惯决定了我们的品德，决定了我们思维和行为的方式，决定了我们日常的生活起居。甚至于，当我们的命运面临抉择时，习惯都会冲到最前方帮我们做决定。

培根说："习惯真是一种顽强而巨大的力量，它可以主宰人的一生。"纵观那些载入史册的成功人士，每个人身上都有一些可圈可点的好习惯影响着他们的人生轨迹。

爱迪生是人类历史上最伟大的发明家，为世界贡献了1093项发明，包括白炽灯泡、留声机、电影等。在世人眼中，爱迪生是个天才，但他本人却把自己的成就归功于勤于思考的习惯："就像锻炼肌肉一样，我们同样可以锻炼和开发我们的大脑……恰当地锻炼、恰当地使用大脑，将使我们的思维能力得到加强和提高。而思维能力的锻炼，又将进一步拓展大脑的容量并使我们获得新能力。"爱迪生还说："缺乏思考习惯的人，其实错过了生活中最大的快乐。"正是这种勤于思考的好习惯，让他把自身更多的潜能开发了出来，是好习惯造就了天才爱迪生。

事实证明，习惯决定着一个人的命运。俗话说："习惯是人的第二天性。"这正说明了习惯对人生的重大意义。

习惯的养成，好似通过一再的重复，使细绳变成粗绳，再变成绳索。每一次我们重复相同的行为，就增加并强化它，绳索又变成缆绳，再变成链子，最终就成了根深蒂固的习惯，把我们的思想与行为缠得死死的。然而，一个人的身上总是好习惯与坏习惯并存的。好习惯有助于改善性格、完善人格和提高道德修养，是有益于身心健康的，是益智和有助于提高学习、工作和生活效率的，是有助于丰富生活经验和人生感受的，是有助于你建立美好形象的；而坏习惯则相反，是让人工作学习效率低下、颓废、堕落、不思进取的元凶。

从这个意义上说，改变我们的坏习惯，也就等于拒绝了失败的命运走向；而养成一个好习惯就等于为成功增加了砝码。越早了解这个道理，对你的人生越具有积极意义。

美国石油大亨保罗·盖蒂曾经是个大烟鬼，烟抽得很凶。

在一次度假中，他开车经过法国，天降大雨，他在一个小城的旅馆停了下来。吃过晚饭，疲惫的他很快就进入了梦乡。

清晨两点钟，盖蒂醒来了，他想抽一根烟。打开灯后，他很自然地伸手去抓桌上的烟盒，不料里面却是空的。他下了床，搜寻衣服口袋却一无所获，他又搜索行李，希望能发现他无意中留下的一包烟，结果又失望了。这时候，旅馆的餐厅、酒吧早已关门，他唯一可以获得香烟的办法是穿上衣服走出去，到几条街外的火车站去买，因为他的汽车停在距旅馆有一段距离的车房里。

越是没有烟抽，想抽的欲望就越大，有烟瘾的人大概都有这种体验。于是盖蒂脱下睡衣，穿好了出门的衣服，在伸手去拿雨衣的时候，他突然停住了，他问自己：我这是在干什么？

盖蒂站在那儿寻思：一个所谓有修养的人，而且相当成功的商人，一个自以为有足够理智对别人下命令的人，竟要在三更半夜离开旅馆，冒着大雨走过几条街，仅仅是为了得到一支烟。这是一个什么样的习惯，这个习惯的力量竟如此强大！

没过多久，盖蒂下定决心，他把那个空烟盒搓成一团扔进了纸篓，脱下衣服，换上睡衣回到了床上，带着一种解脱甚至是胜利的感觉，几分钟就进入了梦乡。

从此以后，保罗·盖蒂再也没有抽过香烟，当然，他的事业越做越大，他成为世界顶级富豪之一。

烟瘾很大对任何人来说都不是一个大的缺点，但保罗·盖蒂却改掉了这个习惯，这是因为他意识到了习惯的巨大力量。

今天的习惯决定明天的命运。英国哲人查尔斯·里德有一句著名的话："播下一种思想，收获一种行为；播下一种行为，收获一种习惯；播下一种习惯，收获一种性格；播下一种性格，收获一种命运。"好的习惯可以使你走向成功，而坏的习惯容易耽误你一生。一个人的习惯是很难改变的，但并不是不可改变的，只要摒弃坏习惯，培养好习惯，我们就能把握住自己的命运。

摆脱思维定式，别在过去的思维模式中打转转

思维是人类最为本质的特征，是人一切活动的源头。无论是做事还是做人，人都离不开正确的思维方式，正确的思维方式可以使混乱变得清晰，能使工作变得有起色，也能使人做起事来更得心应手。

一个人最危险的就是墨守成规、因循守旧。思维定式一旦形成，有时是很悲哀的，要想在新的环境下游刃有余，就必须丢掉旧观念，接受新事物，创造新生活。

有这样一个故事：

某厂从国外引进了一台样机，在仿制生产时，有技术员发现，样机的底座上有一个螺帽，仅仅是旋在底座上，与其他部件没有任何联系。那么，这样一个螺帽起什么作用呢？该厂从领导到技术员无一能够理解。最后，领导拍板："既然人家的样机上有这样一个螺帽，那想必就有它存在的道理，我们照葫芦画瓢就行了。"于是，该厂工人便在本来完好无缺的底座上钻一个孔，然后旋上一个螺帽。不久后，样机的生产商派技术员来回访，发现该厂生产的机器底座上都安了一个螺帽，忍不住放声大笑：原来样机上的那个螺帽，是因为当时生产时工人不小心钻错了一个孔，为了掩饰这个错误，才安的一个螺帽，哪想到这个厂竟会如此不动脑筋地照葫芦画瓢？

其实也不是这个厂的人不动脑筋，事实上他们也就这个问题进行过多次研究，但因为他们头脑里有个固定的思路，那就是人家的东西就是完全正确的，我们只要照着做就行了，如此墨守成规，结果才闹出笑话。

这个故事再一次提醒我们：阻碍我们成功的，往往不是未知的东西，而是我们已知的东西。如果一味地习惯固定的思考模式，只能使生活、工作成为机械化的程序。很多人走不出思维定式，所以他们走不出宿命般的可悲结局。

美国科普作家阿西莫夫从小就聪明，年轻时多次参加"智商测试"，得分总在160左右，属于"天赋极高者"之列，他一直为此而扬扬得意。有一次，他遇到一位汽车修理工，修理工对阿西莫夫说："嘿，博士！我来考考你的智力，出一道思考题，看你能不能回答正确。"

阿西莫夫点头同意。修理工便开始说思考题："有一位既聋又哑的人，想买几根钉子，来到五金商店，对售货员做了这样一个手势，他把左手两个指头立在柜台上，右手握成拳头做出敲击的样子。售货员见状，先给他拿来一把锤子；聋哑人摇摇头，指了指立着的那两根指头。于是售货员就明白了，聋哑人想买的是钉子。聋哑人买好钉子，刚走出商店，接着进来一位盲人。这位盲人想买一把剪刀，你想，盲人将会怎样做？"

阿西莫夫顺口答道："盲人肯定会这样。"说着，伸出食指和中指，做出剪刀的形状。

汽车修理工一听哈哈大笑："盲人想买剪刀，只需要开口说'我要剪刀'就行了，他干吗要做手势呀？"

智商160的阿西莫夫，这时不得不承认自己确实是个"笨蛋"。

人的知识和经验丰富，并不一定就代表这个人灵活，有时候知识和经验反而会限制人的思维，使人在头脑中形成较多的思维定式。这种思维定式会束缚人的思维，使思维按照固有的路径展开。这个道理谁都知道，但真正能做到的却不多。一个人只有不被死板的观念所约束，才能产生新创意，进而创造新事业。

思维是成大事者的力量源泉，也是人能够改变自己的内在基础。不善改变自己的思维习惯，就找不到成功的路径。一个不善于思考难题的人，会遇到许多取舍不定的问题；相反，正确的思考之所以能发生巨大作用，是因为它可以决定一个人在面临问题时应该采取什么样的行动。

习以为常、耳熟能详、理所当然的事物充斥在我们的周围，使我们逐渐失去了对事物的热情和新鲜感。经验成了我们判断事物的唯一标准，存在的理所当然地变成了合理的。而且，随着知识的积累、经验的丰富，我们变得越来越循规蹈矩，越来越老成持重。于是创造力丧失了，想象力萎缩了，习惯性思维成了我们超越自我的一大障碍。

思维最大的敌人是习惯性思维。固执于原有的思维，过分依靠原有的优势和经验是成功的大忌。所以，做事不可墨守成规。俗话说：条条道路通罗马。有所成就的人常常都能突破人们的思维常规，反常用计，在"奇"字上下功夫，拿出出奇的招数，获得出奇的效果。

有一次某省文物管理部门召开新闻发布会，提供材料称，该部门经过千辛万苦，已全部追回近几年丢失的100多件珍贵文物，为此付出了大量财力、物力、人力，避免了重大损失云云。当地几十家媒体陆续刊发了这条消息，唯独新华社一名记者迟迟没有下笔。他越想越疑惑：追回的前提是丢失，如果管理严密，没有丢失，就无须如此劳民伤财去追回，那么今天这一事实的背后是否预示着该部门管理混乱，漏洞百出呢？思维的火花一闪而过，他立即兴奋起来，着手调查采访。果然，实际情况如他所预料：仓库铁锁锈迹斑斑；窗户没有护栏，形同虚设；珍贵字画被虫蛀、鼠咬，布满蜘蛛网……半个月后，一组三篇反映该部门严重管理问题的报道刊发了，舆论一片哗然。

犹太人有一句著名的格言："开锁不能总用钥匙；解决问题不能总靠常规的方法。"只有突破固有的思维模式，才能产生出奇制胜的效果。改变常态的思维轨迹，用新的观点、新的角度、新的方式研究和处理问题，才能产生新的思想。

有时，事情就是这么简单，只需要你稍微动一下脑筋，对传统的思维方式进行一番创新，那么你要获得成功可能会变得更容易。

维持现状就是掉队，养成敢于冒险的习惯

冒险是一种勇气和魄力。要想取得成功，就得敢于冒险。整个生命就是一场冒险，走得最远的人常是愿意去冒险的人。正如有人所说：人生最大的价值就在于冒险。

一个敢于冒险的人，能够产生出巨大的勇气，在勇气的支配之下，他们还会付出行动。最终，他们做出了常人不敢做的行动，取得了常人不能取得的成就。有一位成功人士说："你不能等别人为你铺好路，而应自己去走，去犯错，而后创造出一条自己的路。"大多数人则追求安稳，害怕冒险，即

使生活既平庸又乏味，他们也不愿去碰碰机会。而有成就者则敢于进行新的尝试，并且在冒险中获得巨大成功。

太郎住在日本北海道的一个小镇上。他从小就有一个梦想，希望自己能够看一看大海。后来，他终于有了机会，来到了海边。他来到海边之后，发现大海并不像想象中的那样水天一色、万里碧波，而是迷雾重重、灰暗凄冷。他感到非常失望，就自言自语地说："大海并不好。好在我没有去做水手，如果我是一个水手的话，说不定早就葬身鱼腹了。"

这时候，太郎遇见了一个海员，于是就和他交谈起来。

太郎问海员："大海里面有很多危险，你怎么会喜欢海呢？"

海员说："大海里面虽然有很多暗礁，也存在狂风巨浪，但是很多时候海却是明亮而美丽的。因此，我非常喜欢大海。"

太郎问："做一个海员不是很危险吗？如果碰上了暗礁或者是风浪，还有生还的可能吗？"

海员笑了笑回答说："因为我喜欢大海，所以就做了一个海员。当我想到大海里迷人的风景之后，就不会再恐惧什么危险了。我们家里的人都和我一样，只要是喜欢什么东西，就大胆地去做，不会因为存在危险而放弃。"

"你的父亲现在也在做海员吗？"太郎问。

"他以前是一名海员，不过后来死在大海中了。"

"你的祖父呢？"

"死在了太平洋里。"

"那你有没有哥哥呢？他现在在哪里？"

"我的哥哥死在了印度洋。"

太郎听完之后，对海员说："你的家人很多都死在了海洋里，你就应该引以为戒啊。如果我是你的话，就永远不会到海洋里去。"

海员又笑了，反问道："你愿意告诉我你父亲死在哪儿吗？"

"啊，他死在了床上。"太郎说。

"你的祖父呢？"

"也是死在床上。"

海员学着太郎的口气说："你的家人很多都死在了床上，你也应该引以为戒啊，如果我是你的话，我就永远不会到床上去。"

在一个懦弱者的眼里，做什么事情都是存在风险的，他们一心追求安稳，不敢冒风险去寻找自己想要的东西。对于强者来说，"无险不足以言勇"。一个真正的强者，厌恶平淡无奇的生活，他们渴望冒险，希望在生活中掀起巨浪，喜欢充满传奇色彩的浪漫生活。从这个意义上说，敢不敢冒险，正是区别强者和弱者的标志之一。

很多时候，冒险与收获常常是结伴而行的。险中有夷，危中有利。要想取得卓越的成果就要敢于冒险。

在南美洲人迹罕至的深山密林里，生长着一种果实艳丽的藤蔓植物。这种植物是一年生植物，手掌般大小的叶子上生满了白绒绒的柔和细毛，花朵淡黄色，有指甲般大小。它结的果实开始是翠绿色的，像一块碧玉，随着果实的长大，它渐渐成乳白色，成熟时，果实又变成了诱人的粉红色。

这种果实成熟时，它的饱满和艳丽十分令人神往和陶醉，可是，却从来没有人敢走近和采摘它，因为据说这种果实里有剧毒，有谁敢吃掉它，必死无疑。当地的居民给它起了一个十分可怕的名字叫"狼桃"。

16世纪时，英国公爵俄罗达拉里到南美洲游历，在密林里遇到了一株狼桃。那正是狼桃果实累累的时节，不长的藤蔓上结满了一嘟噜一嘟噜的果实，大的如拳头般大，小的像碧绿的珍珠。有的果实已经成熟了，像一个个粉红色的灯笼；有的即将成熟，乳白色；更多的是鸟蛋大小碧绿的小果子。俄罗达拉里简直被狼桃的美深深惊呆了，他挖了几株狼桃，万里迢迢把它们带回英国，并把它们作为珍奇的花卉，献给了伊丽莎白女王。欧洲从此有了狼桃。但像南美洲人一样，因听传闻说这种狼桃有置人于死地的剧毒，200多年间欧洲也从没有人敢去尝一尝狼桃的味道，只把它作为奇花异草、一种令人敬而远之的观赏植物种植在花园里。

到了18世纪中叶，法国一位名叫埃尚的画家，在为狼桃成熟果实的果晕深深倾倒后，先后创作了近百幅有关狼桃的美术作品。在完成这些作品的同时，他有了一种异想天开的大胆想法，那就是不惜丢掉性命，也要亲自尝一尝美丽狼桃的味道，以验证这种色彩艳丽的果实是否真的含有剧毒。埃尚写下遗嘱，穿好入殓的衣服，在亲朋好友充满悲伤和惋惜的注视下，视死如归地吃下了几个美丽的狼桃。然而，令人惊讶和万分庆幸的是，吃掉了狼桃的画家并没有因中了毒而死亡，他连一丝一毫不适的感觉也没有。于是，狼桃不仅无毒，而且鲜美可口的消息立刻不胫而走。欧洲大陆迅速掀起了品尝狼桃果实的狂潮，许多达官贵人和社会名流纷纷以品尝狼桃为荣耀，狼桃在短短十几年里成了欧洲人餐桌上的珍品佳肴。

1876年，欧洲出产的狼桃出口到南美洲，受到了南美洲人的普遍喜爱，价格高昂的欧洲狼桃为欧洲人在南美洲赚足了黄金和白银。直到十多年后，南美洲人才发现，这种叫作"西红柿"的昂贵欧洲蔬果，其实就是他们南美洲深山密林里生长着的"狼桃"。

南美洲人为此叫苦不迭，他们谁也说不清楚欧洲人靠西红柿赚了南美洲人多少的黄金，但肯定是个吓人的天文数字。南美洲人为此纷纷开始自省：为什么原产地在南美洲的东西却帮欧洲人赚足了钱？

一位南美洲的哲学家在自省中深刻地揭示说："只是因为两个字——勇气，欧洲人有冒险的勇气，而我们南美洲人却没有。"

欧洲人敢冒生命危险品尝狼桃使它成为美味佳肴——"西红柿"，而南美洲有人敢这样大胆地去品尝吗？就是因为冒险，狼桃可以在欧洲大陆上成为西红柿，但西红柿在南美大陆上长期只能是令人望而生畏的"狼桃"。

敢于对未来、对新事物进行尝试冒险，对未知进行探索，对新事物进行开发就是成功的秘诀。在很多情况下，强者之所以成为强者，就是因为他们敢为别人所不敢为。如果缩手缩脚，即使有比别人更新的思想，也只能错过机会。

人的一生不可能是一帆风顺的，敢于冒险是一种必须具备的素质。一味地追求稳稳当当，四平八稳，事业就会止步不前，人会缩手缩脚，畏首畏尾，举步艰难。只有带着风险意识，敢于怀疑并打破过去的秩序，通过冒险而取得胜利后，才能享受到成功的喜悦。有"识"有"胆"，才能攀到事业的巅峰。

言出即行，养成立即行动的习惯

古人云："事虽小，不为不成；路虽近，不行不到。"意思是说看似很小的事情，你不去做便不能成功；很短的一段路程，如果不去走，那么也不会到达终点。人因梦想而伟大，但要靠切实的行动力来落实自己的梦想。成功需要你将想法转化为行动，只有行动了你才会收获成功。

一位老农有一片很大的农田，在这片农田中，横卧着一块巨大的石头。老农觉得这块巨石埋得很深，无法移动。多年以来，这块石头碰断了老农的好几把犁头，还弄坏了他的农耕机。老农对此无可奈何，巨石成了他种田时挥之不去的心病。

有一天，老农在田地里干农活，一不小心，他的犁头又被那块巨石碰断了。想起巨石给他带来的无尽麻烦，老农终于下决心要弄走那块巨石，以了结心病。于是，老农找来撬棍伸进巨石底下，他惊讶地发现，石头埋在地里并没有想象中那么深、那么厚，稍使劲道就可以把石头撬起来，再用大锤打碎，清出地里。老农脑海里闪过多年被巨石困扰的情景，再想到可以更早些把这桩头疼事处理掉，禁不住一脸的苦笑。

遇到问题应立即弄清根源，有问题更须立即处理，绝不可拖延，就像故事中的老农一样。很多事情并没有你想象中的那么困难，只要行动起来，你就会在行动中找出解决问题的方法。

成功者一遇到问题就马上动手去解决。他们不花费时间去发愁，因为发愁不能解决任何问题，只会不断地增加忧虑，浪费时间。当成功者开始集中力量行动时，立刻就兴致勃勃、干劲十足地去寻找解决问题的办法。而失败者总是考虑他的那些"假若、如何"，所以他们在"如何"和"假若"中度过了他们的一生，最终当然是一事无成。

说一尺不如行一寸。任何目标、任何计划最终必须落实到行动上，如此才能缩短自己与目标之间的距离，逐步把计划变为现实。

在《为学》中有一个关于穷和尚与富和尚的故事：

在四川的偏远地区有两个和尚，一个贫穷，一个富裕。

有一天，穷和尚对富和尚说："我想到南海去，您看怎么样？"

富和尚说："你凭借什么去呢？"

穷和尚说："一个小瓶，一个饭钵就足够了。"

富和尚说："我多年来就想租船沿着长江南下，现在还没做到呢，你凭什么走？！"

第二年，穷和尚从南海归来，把去南海的事告诉了富和尚，富和尚深感惭愧。

一个好的想法是很重要的，但是它只有在行动后才有价值。冥思苦想，谋划着自己如何才能有所成就，是不能代替身体力行的实践的，没有行动的人只是在做白日梦。一个被付诸行动的普通想法，要比一些被你放着"改天再说"或"等待好时机"的好想法来得更有价值。

心动不如行动。再美好的梦想与愿望，如果不能尽快在行动中落实，最终只能是纸上谈兵，一番空想。有人说，心想事成。这句话本身没有错，但是很多人只把想法停留在空想的世界中，而不落实到具体的行动中，因此常常是竹篮子打水一场空。所以，有了梦想，就应该迅速有力地去实施。坐在原地等待机遇，无异于盼天上掉馅饼。

美国联合保险公司的创办人和总裁克莱门特·斯通由衷地感慨："我相信，'行动第一！'这是我最大的资产，这种习惯使我的事业不断成长。"毫无疑问，那些成大事者都是勤于行动和巧妙行动的大师。在人生的道路上，我们需要的是：用实际行动来证明自己！

一位侨居海外的华裔大富翁，小时候家里很穷，在一次放学回家的路上，他忍不住问妈妈："别的小朋友都有汽车接送，为什么我们总是走回家？"妈妈无可奈何地说："我们家穷！""为什么我们家穷呢？"妈妈告诉他："孩子，你爷爷的父亲，本是个穷书生，十几年的寒窗苦读，终于考取了状元，官达二品，富甲一方。哪知你爷爷游手好闲，贪图享乐，不思进取，坐吃山空，一生中不曾努力干过什么，因此家道败落。你父亲生长在时局动荡战乱的年代，总是感叹生不逢时，想从军又怕打仗，想经商时又错失良机，就这样一事无成，抱憾而终。临终前他留下一句话：大鱼吃小鱼，快鱼吃慢鱼。"

"孩子，家族的振兴就靠你了，干事情想到了看准了就得行动起来，抢在别人前面，努力地干了才会有成功。"他牢记了妈妈的话，以十亩祖田和三间老房子为本钱，成为今天《财富》华人富翁排名榜前五名。他在自传的扉页上写下这样一句话："想到了，就是发现了商机，行动起来，就要不懈努力，成功仅在于领先别人半步。"

万事始于心动，成于行动。空想家与行动者之间的区别就在于是否进行了持续而有目的的实际行动。实际行动是实现一切改变的必要前提。我们往往说得太多，思考得太多，梦想得太多，希望得太多，我们甚至计划着某种非凡的事业，最终却以没有任何实际行动而告终。

成功者的路有千条万条，但是行动却是每一个成功者的必经之路。100次心动，远比不上一次行动。心动只能让你沉浸在幻想之中，而行动才能让你最终走向成功。

业精于勤荒于嬉，勤奋是个好习惯

勤奋是一个人做好事情、达成目标的根本。事实上，任何领域中的优秀人士之所以拥有强大的执行力，能高效地完成任务，就是因为他们勤奋，他们所付出的艰辛要比一般人多得多。

高尔基说过："天才就是勤奋。人的天赋就像火花，它既可以熄灭，也可以燃烧，而迫使它熊熊燃烧的办法只有一个，那就是勤奋。" 爱迪生也说过："天才就是一分灵感加上九十九分汗水。" 这些名言都在反复告诉我们这样一个永恒的真理：一个人能否取得成功，不是看他有多高的天赋，而关键在于他是否勤奋。

有三个很要好的年轻人，到电脑城游玩时，在一台电脑前做了一个成人智商测试。

甲首先进行智商测试，电脑显示："你的智商直逼爱因斯坦，前途无量。"甲高兴万分。接着乙的智商测试结果也出来了："你的智商有如常人，请多多努力。"乙不愠不恼。最后轮到丙进行智商测试时，电脑显示："你的智商不及格，一切努力徒劳无益。"丙沮丧悲伤。

从科技城回来后，丙下决心努力工作，奋发向上；乙见丙勤奋，也跟着加倍努力；只有甲天天欣赏着自己的智商，坐等"前途无量"的结局。

三年后，丙已升为经营部经理，乙也被提拔为办公室主管，甲却仍是公司的普通职员。他们又到电脑城进行成人智商测试，结果与上次完全相同。这时丙哈哈大笑，乙仍不愠不恼，甲却羞怒万分，一拳砸在电脑上。电脑挨了一拳，屏幕显示："打我没用！智商不等于成功，努力才是关键！"

可见，成功的人不一定是最聪明的人，但一定是肯下苦功夫的勤奋人。在现代社会里，那些靠天才取得的成绩，同样可以通过勤奋而获得；而那些靠勤劳取得的成就，光靠"天才"却无法得到。

台湾美发业的领头羊——曼都公司董事长赖孝义在一次对青年们的演讲时说："要做出不平凡的业绩，勤奋、认真是最基本的功夫。而且一定要在工作上花比别人更多的时间，尤其是在给别人打工时。只有这样做，你才能为自己争取到更多的成功机会。"勤奋是一所高贵的学校，所有想有所成就的人都必须进入其中，在那里可以学到有用的知识、独立的精神和坚韧不拔的品质。事实上，勤奋本身就是财富，假如你是一个勤劳、肯干而又刻苦的人，就能像蜜蜂一样，采的花越多，酿的蜜也就越多，你享受到的甜美也越多。

美国有一个人，在一年之中的每一天里几乎做的是相同的一件事情：天刚刚放亮，他就伏在打字机前，开始自己一天的工作，这个男人名叫斯蒂芬·金，是国际上著名的恐怖小说大师。斯蒂芬·金有着十分坎坷的经历，他曾经穷得连电话费都交不起，电话公司因此把他的电话线掐断了。后来，他成了世界上著名的恐怖小说大师，整天稿约不断，一部小说常常还储存在他的大脑之中，出版社高额的订金就已经支付给了他。如今，他算得上世界上的大富翁了，可是，他仍然是在勤奋的创作中度过每一天。

斯蒂芬·金成功的秘诀很简单，只有两个字：勤奋。一年之中，他只有三天的时间不写作，也就是说，他的休息时间只有三天。这三天是：生日、圣诞节、美国独立日(国庆节)，勤奋给他带来的好处是永不枯竭的灵感。

斯蒂芬·金有一个与其他作家的不同点：一般的作家在没有灵感的时候，就改主意去干别的事情，从不逼自己硬写，但斯蒂芬·金在没有什么可写的情况下，坚持写五千字也是他每天必需的。这是他在早期写作时，他的一个老师传授给他的一条经验，他也坚持这么做了，这使他终身受益。他说："灵感的恐慌我从来没有过；做一个勤奋的人，阳光每一天的第一个吻，始终是落在那些勤奋者的脸颊上的。"

"业精于勤荒于嬉"，机会总是垂青于那些勤奋努力、早有准备的人。勤奋是成功与财富的先决条件，只要你付出了努力，就总能体会到收获的甜蜜。

世界上没有免费的午餐，也很少有天上掉馅饼的好事，所以，不要寄希望于这样的奇迹发生在你的头上，还是踏踏实实做事，认认真真地生活，只有勤奋才会创造出财富。请记住"一分耕耘一分收获"，只有用今天的勤奋与汗水，才会换来明天的丰收与喜悦。

总之，在当今这个英雄辈出的时代，如果你想干出一番事业来，就要付出比别人更多的勤奋和努力。勤奋进取的态度、奋发向上的精神是你赢得事业成功的最大保障。

消除犹豫不决的行动障碍，培养坚决果断的习惯

有这样一个小故事：

老张是个40多岁的中年男人，他有一个坏毛病，就是凡事都犹豫不决。本来他极想成功，但什么事都不能及时果断地做出决定，最后他几乎因为犹豫而失去了工作。

谁知几年以后他却成为一家旅游公司的总经理，那是因为一件小事改变了他。一个星期六的下午，老张坐在一家避暑旅馆的走廊上看书，无意中听到一个男子在和他的孩子们谈话。这位做父亲的仍决定不了，该在当天下午还是次日上午去驾船，这天天气很好，第二天或许更好。孩子们很想立即出发，而那父亲却还是唠叨着现在去还是明天去。这个人的犹豫让老张感到不耐烦，心里骂他：为什么还不快做决定，这个美丽的下午就快过去了。忽然老张一下想到，这不也正是自己的毛病吗。办事不成功不在能力，而在是否能果断地做出决定。其实有些事情本身没有那么复杂。意识到这一点，老张从此改变了行为方式。他对自己说："要是我不愿意立刻就做一件事，那么我就要赶快决定什么时候去做，而到时就非做不可！"几年来，老张就是这样督促自己，用"赶快决定"这么一个简单的方法使自己获得了成功。

老张说得不错，正因为生活复杂、千头万绪，所以不要犹豫不决，尽快

决定自己的选择，就显得十分重要。只有敢于决断，你才可以创造出促使自己完成某事的欲望。

古人云："当断不断，反受其乱。"顾虑重重，怕这怕那，畏畏缩缩，往往会贻误时机，后悔莫及。世间最可怜的，是那些做事举棋不定、犹豫不决、不知所措的人，是那些自己没有主意，不能抉择的人。这种主意不定、意志不坚的人，难以得到别人的信任，也就无法使自己的事业获得成功。

三国时期的袁绍集团，虽然曾经谋士如云，战将如雨，但是袁绍的"多谋少决"，导致事业发展缓慢，甚至走向下坡路。

原本，袁绍手下谋士如云，这是一个极为有利的条件，但一到决策时，众谋士各抒己见，他就失去了主心骨，良莠不分，不知取舍，优柔寡断。

在白马之战中，袁绍听说有一位赤脸长须使大刀的勇将斩了他的大将颜良后大怒，谋士沮授乘机建议他及时除去刘备。此时袁绍指着刘备说："汝弟斩吾大将，汝必通谋，留尔何用！"说着就要推刘备出去斩首。

刘备从容地说："天下同貌者不少，岂赤面长须之人，即为关某也？明公何不鉴之？"

袁绍听后，马上改变了主意，反而责怪沮授："误听汝言，险杀好人。"遂仍请玄德上帐坐，议报颜良之仇。接着，关羽又杀了大将文丑。郭图、申配入见袁绍说："今番又是关某杀了文丑，刘备佯推不知。"袁绍听后大骂："大耳贼！焉敢如此！"命令将刘备拿下斩首。刘备又辩道："曹操素忌备，今知备在明公处，恐备助公，故特使云长诛杀二将。公知必怒。此借公之手以杀刘备也。愿明公思之。"

袁绍听后，反过来责备郭图、申配等人："玄德之言是也。汝等几使我受害贤之名。"

袁绍两次欲杀刘备，而刘备都化险为夷，一方面可以说是刘备机敏善辩，但从另一方面也显示出袁绍出尔反尔、多谋少决、谋而不断的弱点。

对成功者来说，犹豫不决是致命的弱点。古人说："难得而易失者时也，时至而不旋踵者机也。"说明面对时机要知道，机不可失，时不再来，凡事要当机立断。只要是自己认为对的事情，绝不可优柔寡断，必须马上付诸行动。不能做决定的人，固然没有做错事的机会，但也失去了成功的机运。

现代社会是信息社会，是竞争的社会，它复杂多变、变幻不定、动荡激烈，任何犹豫不决都可能使人错过时机。所以，一旦发现客观和主观的条件成熟，就要当机立断，果断决策，并立即付诸实施。

果断是成功者的一种优秀的意志品质。一个人如果具有这种心理品质，就会在决策时当机立断，毫不犹豫。人们常称赞有些人有"魄力"，在关键和危难时刻敢迎难而上，当机立断，毫不畏惧，这就是对其果断决策的心理特征的基本概括。

获得成功的最有力的办法，是迅速做出该怎么做一件事的决定。排除一切干扰因素，而且一旦做出决定，就不要再继续犹豫不决，以免使我们的决定受到影响。有的时候，犹豫就意味着失去。实际上，一个人如果总是优柔寡断，犹豫不决，或者总在毫无意义地思考自己的选择，一旦有了新的情况就轻易改变自己的决定，这样的人成就不了任何事！

浙江商人苏乾国的成功离不开他的多谋善断。他似乎与上海的楼盘有着不解之缘，最先是为上海的楼盘"扮靓"，也就是靠他的"申瑞装潢"驰名上海。但是"申瑞"最早却是一家建材销售公司，而且差点倒闭。那是1995年，他刚将"申瑞建材"的经营方向转向房地产开发，房产市场却风云突变，出现了大滑坡。苏乾国也被深深"套住"，几千万元的房产抛不出去。他在上海的建材生意受大气候影响也急剧滑坡，陶瓷建材价格一跌再跌，积压在仓库的一批建材又遭偷盗。从他这里批发建材的那些个小商店倒的倒，跑的跑，人家欠"申瑞"的款收不回来，"申瑞"欠别人的，却被紧盯不放，苏乾国因此被人告上法庭。

面对这"四面楚歌"，苏乾国果断地将企业经营重点改为室内家庭装潢，可谓重大"战略转移"——在上海这个近1500万人口的大都市，一支新颖的家居装饰的舰队由此脱颖而出，它的特点就在于把每一项大众化装修，都当作特殊要求的精品来对待，并由此形成"申瑞"装修队伍的风格和特色。继而，"申瑞"很快在上海装饰行业声名大噪。

2001年，苏乾国把装潢大旗舞遍了上海，又在上海打起了"拍卖行里'淘房'"的大旗，专门收购一些将成未成、因故停工的房子。他把这些房子看成一个个废置的金矿，实地公寓就是最好的一个收购例子。

实地公寓位于普陀区中山北路和岗皋路交界处，眼看就要竣工，连外墙也已围好，开发商却再也撑不下去了，抛下6000万元债务一走了之。实地公寓共有180多套商品房，已售出31套。这可苦了那些购房户：不竣工就无法入住。于是，业主们集体到区政府上访。

2001年5月，普陀区政府把此事列为治安一号工程，作为社会稳定的一件大事来抓，并以2600万元的价格进行公开拍卖。虽然报名的有7家公司，但拍卖时竟然没有一家举牌。拍卖流标了。普陀区政府有关部门听说苏乾国曾拍过有点类似公寓的经历，就找人动员他参加竞拍。

苏乾国仔细考察了实地公寓的实地情况后一见钟情，5月25日，实地公寓再次公开拍卖，"申瑞"独家赶到现场，以2500万元的价格拍进了

180套商品房。

苏乾国随即为公寓取了一个颇具诗情画意的新名称——水岸枫叶，并声明"申瑞"将为所有住"水岸枫叶"的业主提供"菜单式"装潢。"水岸枫叶"的标准价是每平方米3400元，这在上海市区绝对是让人心动的。

这样一来，"水岸枫叶"在销售时几乎没有遇到困难，不到半年就基本售完了。苏乾国不仅赚了钱，也因为他为政府和市民分了忧，解决了心头之患而提高了"申瑞"的形象。无论是有形的还是无形的利润，苏乾国都得到了。

商场如战场，不容许瞻前顾后，优柔寡断。看准了就要迅速出手，认为对了就要果断做出决策，这样才能适应瞬息万变的商业局势。成功者，多是果断利落的实践者；而失败者，多是犹豫不决的思考者！

不要轻言放弃，坚持到下一分钟就是成功

如果成功有秘诀的话，就只有两个，第一个是坚持到底，永不放弃；第二个是当你想放弃的时候，请回过头来再照着第一个秘诀去做：坚持到底，永不放弃。

被拒绝了1000次之后，还敢去敲1001次门的西尔维斯特·史泰龙就是靠坚持走向成功的。他在未成名之时，身上只有100美元和一部根据自

己真实生活经历写成的剧本《洛奇》。于是他挨家挨户地拜访了好莱坞的所有电影制片公司，寻求演出的机会。当时好莱坞总共有500家制片公司，史泰龙逐一拜访过后，没有任何一家公司愿意录用他。史泰龙面对500次冷酷的拒绝，毫不灰心，回过头来，又从第一家开始，挨家挨户地自我推荐。第二轮拜访，好莱坞的500家公司，仍然没有一家肯录用他。史泰龙没有放弃希望，他坚信"没有所谓的失败，只是暂时不成功而已"。他把1000次的拒绝，当作绝佳的经验。接着他又鼓励自己从1001次开始。后来又经过多次上门求职，总共经历了1855次严酷的拒绝，他的毅力终于感动了"胜利女神"——"我不忍心再看你拼命了，你耗尽了多少汗水，我就给你多少喜悦吧！"终于有一家电影制片公司同意采用他的剧本，并聘请他担任自己剧本中的男主角。

史泰龙的希望"兑现了"，电影《洛奇》一炮打响，他成了超级巨星、美国新一代的英雄偶像。

很多有目标、有理想的人，他们工作，他们奋斗，他们用心去想，他们祈祷……但是由于过程太艰难，他们愈来愈倦怠、泄气，终于半途而废。到后来他们会发现，如果他们能再坚持久一点，如果他们能更向前望一下，他们就会得到好结果。因此，在困难面前，永远不要轻言放弃。放弃必然导致彻底的失败。而永不放弃，总会找到解决困难的方法。只要坚持就能有所收获。

马云之所以能够取得如此卓越的成就，就在于他在创业的路上，不管面对什么样的困难，不管受了多少委屈，不管承受了多大的打击，他都坚持下来了。

马云刚开始创建海博翻译社的时候，可谓举步维艰，第一个月全部收入只有700元，而当时每个月的房租就是2400元。于是很多好心的同事朋友就劝马云别瞎折腾了，就连他的几个合作伙伴也开始动摇了。但是马云没有放弃，他靠去推销小商品来维持翻译社的运营。之后，海博翻译社一度发展成了杭州最大的专业翻译机构。

当初马云和朋友一起凑钱创建了中国黄页。很多人都说，做网络公司，没个几百万上千万的钱是玩不转的。中国黄页创办初期，由于开支大，业务又少，最凄惨的时候，公司银行账户上只有200元现金。但是马云以他不屈不挠的精神，坚持了下来，把营业额从零做到了几百万。

马云在创立阿里巴巴的时候，每个人工资只有500元，公司的开支一分钱恨不得掰成两半来用。外出办事，发扬"出门基本靠走"的精神。据说有一次，大伙出去买东西，东西很多，实在没办法了，只好打的。大家在马路上向的士招手，来了一辆桑塔纳，他们就摆手不坐，一直等到来了一辆夏利，他们才坐上去，因为夏利每公里的费用比桑塔纳便宜。甚至，有一段时间，阿里巴巴因为资金的问题，几乎维持不下去。但是，由于马云和他的创业团队没有放弃，这才缔造了中国互联网史上的奇迹。

当一个人遭遇了无数次打击，承受了无数次委屈与痛苦，不但没有放弃，依然不改初衷，那么成功之门就为他敞开了。马云正是勇敢地面对挫折，以"永不放弃"的信念坚持到了最后，因而最终迈进了成功的大门。

"行百里者半九十。"最后的那段路，往往是一道最难跨越的门槛。其实每个人的一生中，无论工作或生活，都会或多或少地出现这样那样的极限环境，或者说极限困境。有的时候就需要那么一点点毅力，一点点努力的坚持，成功就能触手可及。

世上的事，只要不断努力去做，就有可能战胜一切。哪怕事情再苦、再难，只要我们不放弃，只要我们"再坚持一下"，我们就有希望，就有成功的可能。

美国一个伟大的大学篮球教练，执教一个很差劲的大学球队，因为这是个刚刚连输了十场比赛而解除了教练的大学球队。这位教练给队员灌输的观念是"过去不等于未来""没有失败，只有暂时停止成功"，过去的失败不算什么，这次是全新的开始。

结果第十一场比赛打到中场时又落后了三十分，休息室里每个球员都垂头丧气，教练说："你们要放弃吗？"球员嘴里讲不要放弃，可肢体动作表明已经承认失败了。于是，教练就开始问了一个问题："各位，假如今天是篮球之神迈克·乔丹遇到了连输十场比赛后，又在第十一场落后30分的情况下，篮球天王，迈克·乔丹，他会放弃吗？"球员道："他不会放弃！"教练又道："假如今天是拳王阿里被打得鼻青脸肿，但在钟声还没有响起，比赛还没有结束的情况下，拳王阿里，会不会选择放弃？"球员答道："不会！""假如发明电灯的爱迪生来打篮球，他遇到这种状况，会不会放弃？"球员回答："不会！"最后，教练又问他们第四个问题："米勒会不会放弃？"这时全场非常安静，有人举手问："米勒是哪门子人物，怎么连听都没听说过？"教练带着一个淡淡的微笑道："这个问题问得非常好，因为米勒以前在比赛的时候选择了放弃，所以你从来就没有听说过他的名字！"

这个故事告诉我们：命运全在搏击，奋斗就是希望。失败只有一种，那就是放弃。在困难面前，永远不要轻易说放弃。放弃必然导致彻底的失败。

而不放弃，总会找到解决的办法，总会有所收获。所以，无论遇到什么困难，我们永远都不要轻易放弃！不放弃，是你跃过峻岭沟壑的勇气、涉过激流险滩的毅力，拥有了它，你会走出今日的困惑；拥有了它，你便拥有了一个光辉灿烂的明天。

超级自控力

——如何进行有效的自我管理

第三章　改变心态，

由内而外控制自己

凡事往好处想，人也会快乐点

每个人在一生中都会遇到大大小小的起伏与不顺，但是只要我们能往好的方面去想，也就不会那么难过了。比如：下雨天想到晴天，冬天想到春天，孤独时想到朋友，碰到吃亏想到走运，山穷水尽时想到柳暗花明之日……

有这样一个故事：

生性开朗乐观的吉米，终于实现了自己翱翔于蓝天的愿望——当上了飞行员。他十分高兴，逢人便讲。一天，他遇到了一个朋友，便告诉他："前几天，我在大草原的上空练习飞行，当时的景色真是美丽极了。飞在天上的时候，我发现什么烦恼都没有了。"

"那会不会有危险？"朋友担心地说。

"飞行当然有一定的危险，不过飞机上安全设备很齐全，通常情况下，没事的。"

"可是，万一那些安全设施失灵了怎么办？"

"不会那么巧。就算安全设施失灵了，还有应急措施呢。即使一切都失灵了，还可以跳伞自救。"

"跳伞也有很大的危险啊。万一跳伞失败，那可是以性命为代价啊。你能保证你跳的每一次都一定有把握？"

吉米觉得这个朋友也太多虑了，就开玩笑地说："草原上多的是干草垛，就算跳伞失败了，我也会想办法落到干草垛上去的。"

"怎么能够正好落上去呢？即使你能落在上面，但万一草垛上碰巧插了一把粪叉，那可危险了。"

"草垛那么大，我也不一定就正好落到粪叉上啊。"

"要万一落到上面呢，那时候可真的会没命的。"

"就是有万一，这所有的不幸也不会都让我摊上吧！"飞行员耸耸肩。

凡事往好处想，内心便充满阳光，这种乐观的积极向上的心态，会激发我们的活力，使我们永远拥有成功的信心和希望。即便是身处绝境的情况下，也能使我们以豁达开朗的心胸来面对未来。

实际上，事物都有其两面性，问题就在于当事者怎样去看待它们。强者对待事物，不看消极的一面，只取积极的一面。如果摔了一跤，把手摔出血了，他会想：多亏没把胳膊摔断；如果遭了车祸，撞折了一条腿，他会想：大难不死必有后福。强者把每一天都当作新生命的诞生因而充满希望，尽管这一天有许多麻烦事等着他；强者又把每一天都当作生命的最后一天，倍加珍惜。

古时有一位国王，梦见山倒了，水枯了，花也谢了，便叫王后给他解梦。王后说："大势不好。山倒了指江山要倒；水枯了指民众离心，君是舟，民是水，水枯了，舟也不能行了；花谢了指好景不长了。"国王惊出一身冷汗，从此患病，且愈来愈重。一位大臣要参见国王，国王在病榻上说出他的心事，哪知大臣一听，大笑说："太好了，山倒了指从此天下太平；水枯指真龙现身，国王，你是真龙天子；花谢了，花谢见果子呀！"国王全身轻松，很快痊愈。

生活中很多情况就是如此，只要转变一下思考方式，改变了看问题的心态，结果就会大大不同。

凡事都往好处想，做人也会开心的！凡事都往好处想，说起来容易，做起来难！有些人活在世上，恰恰总是把事往坏处想，结果也使自己整天处在高度紧张、猜疑、惊恐、戒备、争斗之中，具有这种心理状态的人，还能开心吗？把事情往好处想，这是开心的一个秘诀！

一个人去看心理医生，说："我患了心理疾病，并且非常严重。"接着他讲了自己的症状："女儿出门上学，如果没能按时回家，我就非常担心；如果再迟一些，我就坐卧不宁。"

医生说："这说明你非常疼爱你的女儿，并且是一个爱心非常重的人，我认为这不是疾病。"那人说："不对，我不是想她在补课或做别的什么事情，而是想她是不是被人绑架了。"

医生听完那人的诉说问："你做什么职业？这种症状有多长时间了？具体是从什么时候开始的？"那人答："我是个开发商，这种症状从我赚到第一个一千万起就开始了！但，我可以这样向你保证，我赚的每一分钱都是干净的。"

医生说："你以上所有的担心，不属于心理恐惧，而是地地道道的心理疾病。这种病最容易在暴富的人群中出现，而且治疗起来非常困难。"

那人说："不论花多少钱，我都愿摆脱这种心理。"

医生说："西方心理学家塞缪尔曾经说过一句话：'一个人养成凡事往好处想的习惯，比每年赚一千万还有价值。'可是，他接着又说了一句：'一个每年赚一千万的人，想养成凡事往好处想的习惯，比登天还难。'你如果想治好自己的病，不妨一试。"

至于心理医生是如何教他试的，不得而知。不过，从此那个城市多了一家慈善基金会，并且还多了一个快乐的富人，这是大家所共知的。

"凡事往好处想"并不是解决一切问题的灵丹妙药，却是一种健康积极的人生哲学。有了它，也许问题本身不会减少，但问题的解决却找到了正确的方向。所以，我们应该培养乐观的人生态度。凡事往好处想，事情自然会向好处发展。凡事都往好处想，就会以镇定从容的心情享受生活，就可以准确找到生活的角度，展示生命的风采。

不能改变他人，那就改变自己

生活中，有些人总喜欢说，他们现在的境况是别人造成的。环境决定了他们的人生位置。这些人常说他们的情况无法改变。虽说环境能左右一些人意识上的感观，但不是造成实际境况的主因。说到底，如何看待人生，是由我们自己的态度所决定的。

塞尔玛陪伴丈夫驻扎在一个沙漠的陆军基地里。她丈夫奉命到沙漠里去演习，她一个人留在陆军的小铁皮房子里，天气热得受不了——在仙人掌的阴影下也有50多度。她没有人可谈天，只有墨西哥人和印第安人，而他们不会说英语。她非常难过，于是就写信给父母，说要丢开一切回家去。她父亲的回信只有两行，这两行字却永远留在她心中，完全改变了她的生活：两个人从牢中的铁窗望出去，一个看到泥土，一个却看到了星星。

塞尔玛一再读这封信，觉得非常惭愧，她决定要在沙漠中找到星星。塞尔玛开始和当地人交朋友，他们的反应使她非常惊奇，她对他们的纺织、陶器表示兴趣，他们就把最喜欢但舍不得卖给观光客人的纺织品和陶器送给了她。塞尔玛研究那些引人入迷的仙人掌和各种沙漠植物、物态，又学习有关土拨鼠的知识。她观看沙漠日落，还寻找海螺壳，这些海螺壳是几万年前，这沙漠还是海洋时留下来的——原来难以忍受的环境变成了令人兴奋、流连忘返的奇景。

是什么使这位女士内心有这么大的转变？

沙漠没有改变，印第安人也没有改变，但是这位女士的理念改变了，心态改变了。一念之差使她把原先认为恶劣的情况变为一生中最有意义的冒险。她为发现新世界而兴奋不已，并写了一本以"快乐的城堡"为书名的书出版了。她从自己造的牢房里看出去，终于看到了星星。

态度就像磁铁，不论我们的思想是正面的还是负面的，我们都受着它的牵引。而思想就像轮子一般，使我们朝一个特定的方向前进。虽然我们无法改变人生，但我们可以改变人生观；虽然我们无法改变环境，但是我们可以改变心境；虽然我们无法调整环境来完全适应自己的生活，但我们可以调整态度来适应环境。

所以，调整你的心态，鼓起生活的信心，改变眼下的处境，至少，不要退到你已经见识过的比现在还糟糕的境地。选择了一种积极的生活态度，你将获得的一个别样的人生。

这是一个发生在外国某城市的故事：有一位先生搭了一部出租车要到某个目的地。这位乘客上了车，发现这辆车不仅外观漂亮，司机先生服装整齐，车内布置也十分典雅。乘客相信这将是一段舒服的行程。

车子一启动，司机很热心地问车内的温度是否合适，又问是否需要听音乐或收音机。这位司机还告诉乘客可以选择喜欢的音乐频道。这位乘客选择了爵士音乐，浪漫的爵士风不禁让人为之放松。司机在一个红绿灯面前停下来，回头告诉乘客，车上有早报以及杂志，前面是一个小冰箱，冰箱中有果汁及可乐。如果有需要，可以自行取用；如果想喝热咖啡，保温瓶内有热咖啡。

这些特殊的服务，让这位乘客大吃一惊，他不禁看了一下这位司机，司机先生愉快的表情就像窗外和煦的阳光。不一会儿，司机对乘客说："前面路段可能会塞车，这个时候高速公路反而不塞车，我们走高速公路好吗？"

在乘客同意后，这位司机又体贴地说："我是一个无所不聊的人，如果你想聊天，除了政治和宗教外，我什么都可以聊。如果你想休息或看风景，那我就静静开车，不打扰你了。"

从一上车到此刻，这位常搭出租车的乘客就充满了惊奇，他不禁问前面这位司机："你是从什么时候开始以这种方式服务的？"

这位司机说："从我觉醒的那一刻起……"

司机继续述说着那段觉醒的过程："我也曾经，经常抱怨工作辛苦，人生没有意义。但不经意间，我听到广播里在谈一些人生的态度，大意是你相信什么，就会得到什么，如果你的日子觉得不顺心，那么所有发生的事情都会让你觉得倒霉；相反，如果你觉得自己是个幸运的人，那么今天每次所碰到的人，都可能是你的贵人。所以我相信，人要快乐，就要停止抱怨，要让自己改变。就从那一刻开始，我创造了一种新的生活方式。第一步我把车子里里外外整理干净，印几盒高级名片放在车里。我下定决心，要善待每一位乘客。"

目的地到了，司机下了车，绕到后面帮乘客开车门，并递上刚刚说过的名片，说声："希望下次有机会再为您服务。"

结果，这位出租车司机的生意没有受到经济不景气的影响，他很少会空车在这个城市里兜转，他的客人走时会事先预定好他的车。他的改变，不只使他有了更好的收入，而且还使他从工作中获得了更多精神财富。

由此可见，改变态度就会改变生活。积极的态度能充分调动出潜藏于内的能量和智慧，使我们的事业、健康和婚姻等都达到一种完美的境地，而消极的态度则影响心灵能量和智慧的发挥，使我们的生活航船迷失方向，人生变得暗淡无光。所以说，态度决定成败，态度决定一切。

在任何特定的环境中，人们都有一种最后的自由，那就是选择自己的态度。成功是因为态度，幸福与快乐也取决于个人的态度。一个人只要改变内在的心态，就可以改变外在的生活环境和生存状态，这是我们这代人最伟大的发现。态度决定着人生的成败：我们怎样对待生活，生活就会怎样对待我们。

内心有阳光，世界才会透亮

有这样一个故事：

汤姆在22岁那年进入军中服役，并且奉命参加了一次战役。但不幸的是，在那次战役中，他受了严重的眼伤，眼睛因此看不见东西。虽然他承受着巨大的伤害和痛楚，但他的个性仍然十分开朗。他常常与其他病人开玩笑，并把自己的香烟和糖果赠给病友。

医生们都尽心尽力想帮助汤姆恢复视力，却没有效果。有一天，主治医师走进汤姆的病房，对他说道："汤姆，你知道，我一向喜欢向病人实话实说，从不欺骗他们。我现在要告诉你，你的视力是不能恢复了。"

时间似乎停止下来，病房里呈现出可怕的静默。

"我知道。"汤姆终于打破沉寂，他平静地回答道，"其实，我一直都知道会是这个结果。但我还是要非常谢谢你们为我费了这么多的精力。"

几分钟之后，汤姆对他的病友说道："我觉得我没有任何理由绝望。不错，我的眼睛瞎了，但和聋子相比，我能听见声音；和下肢瘫痪者相比，我能行走；和哑巴相比，我能说话。据我所知政府还会协助我学得一技之长，以让我维持生计。既然生活如此善待我，我更要好好地活着。其实，我现在所需要的，就是适应一种新生活罢了。"

汤姆面对不幸，没有怨恨，没有自卑，只有对生活的感激——感激在命运给予他不公平的同时，生活恰如其分地填补了这份缺陷，赐予他一颗乐观豁达的心。

在现实生活中，我们每个人都会遇到这样或那样的困难、挫折、悲伤、疾病以及死亡等，然而，只要我们正确面对，只要我们用积极乐观的心态去对待，那么所有的一切便都只是暂时的。

生活中，无论你境遇多么悲惨，你也不是最不幸最可怜的家伙，世界上比你更惨的人或许就在你身边，只不过他们比你更懂得珍惜，因而你在他们脸上看到的始终只是灿烂的微笑。

在一次施工中，一名建筑师意外地遇上塌方事故。虽然他有幸保住了性命，但是失去了两条腿。他感到生活充满了绝望，失去了生存的意义。后来，他偷偷吞下一整瓶安眠药。幸亏被家人及时发现，才挽回了生命。但是，他一直萎靡不振。

为了帮助他重新点燃希望的火把，家人经常陪他参加一些残疾人组织的活动。有一天，一位画家举办了一次画展，家人决定陪他前去参观。

在展览大厅一角，他被其中一幅名为"迎接潮水"的水彩画深深地打动了：在一片金色的海滩上，一条老船搁浅了，船体上刻满了岁月的沧桑。在那稍稍倾侧的船体下，则只有一小洼清水。然而，在画上面却写着一行非常有力的字："相信吧，潮水会回来！"

从这幅画中，他感觉到有一股无形的力量在震撼着他，使他的眼睛湿润了。他非常想拜见一下这幅画的作者。之后，他从展室管理员那儿获取了作者的家庭住址。于是，这名建筑师便让家人陪他一同去拜访。

当他来到那位作画者的家中，他才发现，原来那位画家是一位年逾七旬的老者，而且也是一位残疾人。老画家正躺在床上，用两个枕头垫着后背，守着画板作画。然而，在老者那枯瘦的面孔上，见不到丝毫痛苦的神情。老者放下画笔，热情地打招呼，在他们面前一直都是谈笑风生。在交谈中，建筑师得知，在十多年前，这位老者因患上运动神经疾病，卧床不起。但是，这么多年来，他一直坚持与病魔抗争。这名建筑师再一次被老画家的精神感动了，他坦诚地对老者说："见到你之后，我忽然开始为自己以前的怯懦而感到羞耻。"告别之时，老画家把那一幅《迎接潮水》的画作，送给了他。

后来，他设计了许多有名的建筑，成为一名十分出色的建筑设计师。

只有心里有阳光的人，才能感受到现实的阳光，如果连自己都常苦着脸，那生活如何美好？生活始终是一面镜子，照到的是我们的影像，当我们哭泣时，生活在哭泣；当我们微笑时，生活也在微笑。正如丰子恺所说："你若爱，生活哪里都有爱；你若恨，生活哪里都可恨；你若感恩，处处可感恩；你若成长，事事可成长。不是世界选择了你，是你选择了这个世界。"

人的一生中，难免会遇到形形色色的打击。但只要我们学会面对生活中的不幸，就能够创造出属于自己的奇迹。

充满热情，让生活多一份活力

热情是一种洋溢的情绪，是一种积极向上的态度，更是一种高尚珍贵的精神。不论我们做什么事，如果没有倾注全部的热情，那么就很难将它做好，也很难在某一领域做出成就并展现自我的价值。

美国文学家爱默生曾写道："人要是没有热情是干不成大事业的。"大诗人乌尔曼也说过："年年岁岁只在你的额上留下皱纹，但如果你在生活中缺少热情，你的心灵就会布满皱纹。"一个人如果没有热情，不论他有什么能力，都很难发挥出来，也不可能取得成功。成功是与热情紧紧联系在一起的，要想成功，就要让自己永远沐浴在热情的光影里。

一个浓雾之夜，当拿破仑·希尔和他母亲从新泽西乘船渡江到纽约的时候，母亲欢叫道："这是多么令人惊心动魄的情景啊！"

"有什么出奇的事情呢？"拿破仑·希尔问道。

母亲依旧充满热情："你看呀，那浓雾，那四周若隐若现的光，还有消失在雾中的船带走了令人迷惑的灯光，那么令人不可思议。"

或许是被母亲的热情所感染，拿破仑·希尔也着实感受到厚厚的白色雾中那种隐藏着的神秘、虚无及点点的迷惑。拿破仑·希尔那颗迟钝的心得到一些新鲜血液的渗透，不再没有感觉了。

母亲注视着拿破仑·希尔，说道："我从没有放弃过给你忠告。无论以前的忠告你接受不接受，但这一刻的忠告你一定得听，而且要永远牢记。那就是：世界从来就有美丽和兴奋的存在，她本身就是如此动人、如此令人神往，所以，你自己必须要对她敏感，永远不要让自己感觉迟钝、嗅觉不灵，永远不要让自己失去那份应有的热情。"

拿破仑·希尔一直没有忘记母亲的话，而且他也试着去做，那就是让自己保有一颗热忱的心。

热情是发自内心的激情，是一种意识状态，是一种重要的力量，它具有巨大的威力。一个人如果激情洋溢，热情地面对人生，乐观地接受挑战，那么他就成功了一半。一个人如果没有热情，不论他有什么能力，都很难发挥出来，也不可能会成功。成功是与热情紧紧联系在一起的，要想成功，就要让自己永远沐浴在热情的光影里。

比尔·伯德是美国著名的成功企业家，他拥有一家巧克力厂，同时还经营着自己的糖果店、冰激凌店和烹饪学校。他之所以成功，就是因为他对自己的事业有着无与伦比的热情。

比尔·伯德并非天生就有这种特质。他当年买下那家巧克力公司的时候，也与普通人一样，对巧克力完全不了解，且毫无激情。虽然他还算喜欢巧克力，但那对他来说只是一种食品，绝不像后来那么狂热地爱好它——就连血管里流动的也是巧克力。他当初买下那家巧克力公司，只是因为他觉得那是一件有利可图的事情。

后来，他就开始了与巧克力同呼吸共命运的事业。由于工作需要，他开始转变自己，开始尝试去了解各种不同的巧克力以及巧克力需要添加的成分，他也知道了普通巧克力与优质巧克力的差异。慢慢地，他开始着迷了。他找来各种书籍和文章，出席各种巧克力的研讨会议，尽一切可能地往自己头脑中填充与巧克力有关的知识。最后，比尔·伯德为自己的巧克力痴迷了，他知道了各种有关巧克力以及如何制作巧克力的知识，包括从哥斯达黎加巧克力豆的生长，一直到它被摆放在中美洲各国商店的货架上这中间的任何一个过程。在他看来，一块巧克力不仅是一种食物，更是一件艺术品。他只要张口说话，就离不开巧克力，他不断地把他所知道的与巧克力有关的知识告诉周围的每一个人。他的桌上还放有一个杯子，上面写着："假如你发现我无精打采，请马上给我一块巧克力。"

比尔·伯德的这种对巧克力的热情，传染了他公司的每一个员工，让公司的每一个成员都干劲十足。他们更加关心如何制作优质巧克力，而不是仅仅将产品生产出来，这已经成了他们的一种信仰。他们决意要做最好的巧克力，他们把这视为自己的义务。伯德还经常告诫他的每一个员工："我们能让美观又美味的巧克力带给他人快乐！还有比这更美好的事业吗？"

热情是工作的灵魂，是一种能把全身的每一个细胞都调动起来的力量，是不断鞭策和激励我们向前奋进的动力。在所有成就伟大的过程中，热情是最具有活力的因素，可使我们不惧现实中的重重困难。

热情是人的生活态度，积极投入，时时充满热情，才是人的最佳状态。因为，积极热情的态度可以感染人、带动人，给人以信心，给人以力量，形成良好的环境和氛围。

美国伟大的哲学家爱默生说："不倾注激情，休想成就丰功伟绩。"热情是战胜所有困难的强大力量。它使你保持清醒，意志坚强；它使你全身心地投入到你从事的事业之中，唯有保持高度的热情，你才会有永不衰竭的动力。

热情是经久不衰地推动你面向目标勇往直前，直至你成为生活主宰的原动力。因此，我们对待生活，要时时刻刻充满热情，这样生活才会少几分无奈，多几分精彩。

你的工作态度决定你的人生高度

态度是这个世界上一种神奇的力量，它栖息于一个人的思想深处，左右着我们的思维和判断，控制着我们的情感与行动。

态度是一个人生命的投影，它的美与丑、可爱与可憎全操纵于你之手。一个人的生活状态、人生方向完全受控于其生存态度。用什么样的态度对待生活，就会有什么样的生活现实。

三个工人正在砌一堵墙。有人过来问他们："你们在干什么？"

第一个人没好气地说："没看见在砌墙？"

第二个人笑笑说："我们在盖一座高楼。"

第三个人边干活边哼着小曲，他满面笑容地说："我们正在建设一座新城市。"

同样的工作，同样的环境，却有如此截然不同的感受。从三个人的态度上，我们可以看出：

第一个人，是被动工作的人。在他的眼里，工作似乎是一种苦役。

第二个人，是没有责任和荣誉感的人。他抱着为薪水而工作的态度，为了工作而工作。

第三个人，是具有高度责任感和创造力的人。在他身上，看不到丝毫抱怨和不耐烦的痕迹，相反，他充分享受着工作的乐趣。

十年后，第一个人依然在砌墙；第二个人在办公室画图纸——他成了工程师；第三个人呢，是前两个人的老板。

故事中的三个人都会砌墙，他们的人生际遇为何会有如此大的反差呢？归根结底是态度的问题。

一个人的工作态度折射着人生态度，而人生态度决定了一个人一生的成就。一个心态非常积极的人，无论他从事什么工作，他都会把工作当成是一项神圣的职责，并怀着浓厚的兴趣把它做好。

哈佛大学的一项研究发现：一个人的成功，85%取决于他的态度，而只有15%取决于他的智力和所知道的事实与数字。的确，当我们没有更多更明显的优势时，那么良好的工作态度就是我们最大的资本和优势，就是最大的竞争力。

小蒋上中学的时候，老师出了道数学难题，叫小蒋和另一名同学上讲台解答。小蒋很快考虑好解答步骤，而另一名同学还在那里凝神。为了表现一下聪明才智，小蒋很得意地用粉笔在黑板上"唰唰唰"，三下五除二，就摆弄好了。这个时候，那名同学还在一笔一画地写着。小蒋很自豪，将粉笔头一扔，大摇大摆地回到座位。

结果是，小蒋和那位同学都答对了，但老师给的评语却大不相同。她指着黑板上小蒋写的字说："看看，急急忙忙，潦潦草草，马马虎虎，这是做学问的严谨态度吗？在能力相当的情况下，做学问其实就靠一个人的态度了……"小蒋心中并不服气。我看重的是结果，而老师要的似乎还有过程。

多年后，小蒋去应聘一个会计职位。由于有相关工作经历和较高的职称，小蒋的竞争对手们纷纷落马，剩下一个其貌不扬的家伙与小蒋去迎接最后的面试。

那个单位的会计主管接待了他们，他拿出一堆账本，要他两个人统计一下某个项目的年度收支情况。虽然只是"小儿科"，但小蒋不敢懈怠，每个数字他都牢牢把握，认真地在算盘上加加减减。

一个小时左右，小蒋便完成任务了。10分钟后，竞争对手也收工了。会计主管叫他们在一旁等待。然后拿着他们的"试卷"去老总办公室。

结果令小蒋吃惊和恼火——他没有被录用！为什么？会计主管回答："你没有做月末统计，而他不但做了，还做了季度统计。"小蒋问："不是要年度统计吗？"主管笑道："是啊，但年度统计数据应该从每月合计中得出——这不算什么会计学问，但反映了做会计的严谨态度。也许你们能力相当，所以，我们最后要看的就是各人的态度了。"

那以后，"态度"一词在小蒋心中生了根。

同样的能力，在不同的态度下，会导致完全不同的结果。

成功者和失败者的区别就在于：成功者无论做什么工作，都会用心去做，并力求达到最佳的效果，不会有丝毫的放松，不会轻率敷衍。

爱尔伯特·马德说："一个人，如果他不仅能够出色地完成自己的工作，而且还能够借助于极大的热情、耐心和毅力，将自己的个性融入工作中，令自己的工作变得独具特色，独一无二，与众不同，带有强烈的个人色彩并令人难以忘怀，那么这个人就是一个真正的艺术家。而这一点，可以用于人类为之努力的每一个领域：经营旅馆、银行或工厂，写作、演讲、做模特或者绘画。将自己的个性融入工作之中，这是具有决定性意义的一步，是一个人打开天才的名册，将要名垂青史的最后三秒钟。"良好的工作态度是获得成功的前提，用什么样的态度去对待工作，完全取决于我们自己。

有这样一个小故事：

有个老木匠准备退休，他告诉老板，说要离开建筑行业，回家与妻子儿子享受天伦之乐。

老板舍不得做得一手好活的老木匠走，再三挽留，但老木匠决心已下，不为所动。老板只得答应，但问他是否可以帮忙再建一座房子。老木匠答应了。

在盖房过程中，大家都能看出来，老木匠的心已不在工作上了。用料也不那么严格，做出的活儿也全无往日水准。老板并没有说什么，只是在房子建好后，把钥匙交给了老木匠。

"这是你的房子，"老板说，"是我送给你的礼物。"

老木匠愣住了，同样，他的后悔与羞愧，大家也都看出来了。他这一生盖了多少好房子啊，最后却为自己建了这样一幢粗制滥造的房子。

由此可见，没有良好的工作态度，对自己所从事的工作缺乏必要的热情，工作中敷衍了事，那这样的人在人生的路上只能是一个失败者。

态度是每个人事业成功的基础，也是让自己以轻松愉快的心情投入工作、积极主动完成任务的基础。任何人要想完成好一项工作，都必须要有端正的工作态度，扎实的工作作风，因为只有有了正确的态度，才能使你做好工作及处理好生活中的每一件事情。

远离抱怨，多一些幸福快乐

我们在日常生活中，几乎随时都能听到各式各样的抱怨：抱怨工作乏味，抱怨公司的老板苛刻；抱怨工作时间过长，抱怨薪水太低；抱怨分配不公平了，承诺的提成不兑现；抱怨公司管理制度过严……诸如此类的抱怨是不少人的生活写照，他们整天处在一种消极的生活态度中，一种不被重视的不公平感使他们的心中充满了不满、抱怨，甚至愤怒。如果一个人总是抱怨自己的命运，把自己的不幸归咎于他人，那么这样只会影响他的工作和生活。

刘英平时在单位是个大大咧咧的人，业务好，人能干。上班第一个到，打水、搞卫生，工作认真，遇到需要加班的工作，她还主动承担。平时单位的事、同事的事，她都热心帮忙，能出多大力就出多大力，可是干了很多，可就是得不到好评。年底评先进，根本就没有她的份，为此她非常苦恼。为什么呢？她也说不清楚。后来一位同事开玩笑时说出了秘密：她都让那张不安分的嘴给卖了。听了这话，她陷入了沉思，一幕一幕的画面浮现在眼前。

一次，单位组织人到外面搬东西，很多人看到以后，故意跑远了。刘英当时还有点感冒，但她没有想很多，主动帮助搬东西，累得满头大汗，腰酸腿痛。回到办公室后，她的嘴就没有闲着，发了一大堆的牢骚。如，干活时找不到人了，多数人是属狐狸的，狡猾着呢；领导这时候不出来看了，干了也白干了等的话。

又有一次，快下班时，单位突然来了任务要加班，可是多数办公室都空了，同事们都提前下班回家了。只有刘英等几个人仍然在工作着，加班的任务自然就落在他们身上。第二天到了办公室她又是一通牢骚，说了大半天，到食堂还在抱怨。

还有一次，单位发全勤奖，她看到很多经常迟到早退的人也领到了全勤奖，牢骚又开始了。如，单位的风气不好，没有严格的制度标准；领导没有长眼睛，好坏不分等。

就这样刘英整天生活在抱怨和牢骚中，自然单位的各种福利待遇也渐渐远离了她，因为没有领导喜欢总是抱怨的人。

生活本来就不可能事事如意，生活本来就不会十全十美，相反，起起落落、悲欢离合才是家常便饭。这是现实，你必须承认，所以你不要抱怨。能够忍受不公平的待遇，并且以平常的心态对待，这是人生的一个境界，也是我们努力追求的方向。坦然面对生活，用微笑来迎接一切困难。如果一旦遇到波折、困难或不顺心的事，就抱怨他人，感叹自己"怀才不遇"，对生活失去兴趣，对美好的东西失去追求，这种心理不仅会磨损人的志气，而且还是一个人生活幸福的致命伤。

常常抱怨的人，其实是不热爱生活的人，或者说是不理解生活的人。生活是需要你理解的。你不理解生活，你就会常常有愤愤不平的感觉，你就会有怀才不遇的感觉，你就会牢骚满腹，你就会觉得运气不佳。

大二下学期，夏炎就和经常照顾她的一老乡确立了恋爱关系。但是关系确立后，夏炎感觉男友对她不如以前好了，因为男友总拉着她去上晚自习。于是，她就整天抱怨男友只顾傻学习，不懂浪漫……毕业后，夏炎随男友留在了学校所在的城市，并且很快结了婚。男友在一软件公司搞设计，她在另一公司做文员。在外人看来，他们是幸福的一对，但是，夏炎却不满意，她总是嫌老公早出晚归，心里只有工作，挣不到大钱……开始几年，老公还能忍受，后来，干脆向公司主动要求出差，以图清静。

再后来他们有了孩子，老公也开了自己的公司。由于工作忙，他就整天不着家，夏炎的怨气更是增添了很多。就在她再次冲老公发泄怨气的时候，她得到的却是一张离婚协议书。离婚的理由很简单：抱怨太多，忍无可忍。

生活中总有很多不如意的地方，但抱怨是解决不了问题的。有一句话说得好，如果你想抱怨，生活中一切都会成为你抱怨的对象；如果你不抱怨，生活中的一切都不会让你抱怨。所以，请不要抱怨，抱怨只会令你更疲惫。

当不幸来临时，如果我们管理好自己的情绪，冷静地进行分析，放弃无谓的抱怨，说不定还会有意外的收获，我们的人生也会因此而变得更富有弹性。

维特小时候和几个朋友在艾奥瓦州的老木屋顶上玩。他们都喜欢爬上屋顶，然后跳下来。但有一次当维特跳下来的时候发生了意外，他左手的食指戴着一枚戒指，下滑的时候钩在了钉子上，由于惯力，他的左胳膊被扯断了。维特大叫尖声起来，非常惊恐，他想到自己可能会死掉。虽然最后胳膊治好了，但留下了后遗症，这条胳膊提不了重的东西。

起初维特很伤心，他总是想，自己再也不能像以前一样随意和小伙伴玩耍了。可是后来妈妈总是和他说："孩子，事情既然已经发生了，就要从容地接受，因为不管你怎样伤心难过都于事无补。既然事情已经发生了，唉声叹气又有什么用？还不如轻松地去接受。"维特接受了母亲的劝告。

后来，维特拥有了一家自己的公司。有一次，他在办公大楼的电梯里遇到一位女士，维特注意到这位女士的左臂没有了。维特问她："缺了一只手是否觉得难过？"那位女士说："噢！不会，我根本就不会想到它。我只是在穿针引线时觉得不便。"

显然，维特和这位女士的心态是正确的。当发生不如意的事情时，他们没有选择抱怨，而是勇敢地接受和从容地面对。他们知道，抱怨只会徒增烦恼，而这种烦恼不仅会不断地耗费自己的精力，还会折磨周围人的思想意识，使自己看不到前进的方向。

尽管失意太多，尽管生活给我们太多的不如意，可这些不确定因素即使我们抱怨也是改变不了的。抱怨生活只是弱者失败的借口。生活本来就是不公平的，永远不要抱怨生活，因为生活根本不知道你是谁！只有我们用平凡的心去面对不如意，心中的乌云才会慢慢散开。而抱怨永远只会使你的生活变得更加糟糕！

约翰是一位有志的青年，但他却总觉老板对自己不重视，他很不满意自己的工作，愤愤地对朋友说："我的老板一点不把我放在眼里，改天我要对他拍桌子，然后辞职不干。"

朋友问他："你对那家贸易公司完全弄清楚了吗？对他们做国际贸易的窍门完全搞通了吗？"

约翰摇了摇头，不解地望着朋友。

朋友建议道："君子报仇十年不晚，我建议你把商业文书和公司组织完全搞通，甚至连怎么修理影印机的小故障都学会，然后再辞职不干。"

看着约翰一脸迷惑的神情，朋友解释道："公司是免费学习的地方，你什么东西都通了之后，再一走了之，不是既出了气，又有许多收获吗？"

约翰听了朋友的建议，从此便默学偷记，甚至下班之后，还留在办公室研究写商业文书的方法。

一年之后，那位朋友偶然遇到约翰，问道："你现在大概多半都学会了，准备拍桌子不干了吧？"

"可是我发现近半年来，老板对我刮目相看，最近更是不断加薪，并委以重任，我已经成为公司的红人了！"

"这是我早就料到的！"他的朋友笑着说，"当初你的老板不重视你，是因为你的能力不足，却又不努力学习；而后你下苦功，通过学习，工作能力不断提高，当然会令他对你刮目相看。"

与其抱怨，不如改变。命运不会因为抱怨而改变，要想改变自己的命运，首先要停止抱怨。

抱怨生活，只能让自己意志消沉，沮丧，心灰意懒，最终迷失自我。停止抱怨，努力工作和生活，世界将会更美好。只有不抱怨生活的人，才是生活的主人。只有不畏惧生活中的不平和磨难，在生活中历练自己，促使自己成长和成熟，羽翅丰满，才能在广阔的天空翱翔，放飞梦想，实现人生价值。

心态对了，状态就对了

美国成功学大师拿破仑·希尔说："要么是你驾驭命运，要么是命运驾驭你，你的心态决定了谁是坐骑，谁是骑师。"我们把自己想象成什么样子，就真的会成为什么样子。所以良好的心态在人的一生中起着关键的指导作用。

日本著名企业家西村金助正是利用积极的心态帮助自己成为富翁的。他原来是一个穷光蛋，经常吃不饱饭，过着有上顿没下顿的日子。可是，他却对别人说自己总有一天会成为大富豪。凡是听到这话的人都笑话他"不自量力""痴人说梦"。可西村金助对自己将来能成为有钱人这一点儿丝毫不怀疑。这种积极的心态使他顽强进取，处处留心生活中有可能使他发财的机会。

为了尽快富起来，他借钱办了一个小玩具厂，专门制造沙漏。沙漏是一种古董玩具，在时钟未发明之前，人们用它来预测时间。有了时钟以后，沙漏成了古董。可是，西村金助的生意并不好，每年只能销售很少的沙漏，工厂已经濒临倒闭。这时，那些说他"癞蛤蟆想吃天鹅肉"的人又站出来嘲笑他。对此，西村金助丝毫不在意，他相信自己一定能够找到一个很好的解决办法。

机会终于来了。一天，他看到一本讲赛马的书。书上说："马匹在现代社会失去了它的运输功能，但是它们又以高娱乐的价值出现。"西村金助是个有心人，他感到灵感突然出现了：对，我一定能够找到沙漏的新用处！他振作起来，把全部身心都投入到沙漏研究上。经过苦苦思索和研究，他决定做成一个限时3分钟的沙漏，在3分钟里，沙漏里的沙子就会全部漏下来。把这种沙漏挂在电话机旁边，这样，人们在打电话时就不会超过3分钟了，就可以节省许多电话费。

新设计的沙漏一上市，销路好得不得了，平均每个月能销出3万个。原来即将破产的小工厂一夜之间成了大企业，西村金助摇身一变成了大富豪。

一个人能否改变自己的命运，关键取决于他的心态。成功者与失败者的差别在于前者以积极的心态去对待人生，后者则以消极的心态去面对生活。而只有积极的心态才是成功者的法宝。

积极的心态是成功的起点。如果一个人的心态是积极的，乐观地面对人生，乐观地接受挑战和应付困难，那他就成功了一半。

纽约的零售业大王伍尔沃夫在青年时代非常贫穷。他在农村工作，一年中几乎有半年的时间是打赤脚的。他成功的秘诀是什么呢？就是将自己的心灵充满积极思想，仅此而已。他借来300美元，在纽约开了一家商品售价全是5分钱的店。但不久后便经营失败，以后他又陆续开了四个店铺，有三个店完全失败。就在他几乎丧失信心的时候，他的母亲来探望他，紧紧握住他的手说："不要绝望，总有一天你会成为富翁的。"

就在母亲这句充满积极心态的话的鼓励下，伍尔沃夫面对挫折毫不气馁，更加充满自信地开拓经营，最终一跃成为全美一流的资本家，建立了当时世界上第一高大的楼宇，那就是纽约市有名的伍尔沃夫大厦。

其实不只伍尔沃夫，几乎所有成功者，无不有一个共同的特点，那就是具有积极的心态。他们运用积极的心态去支配自己的人生，用乐观的精神来面对一切可能出现的困难和险阻，从而保证了他们不断地走向成功。而许多一生潦倒者，则普遍精神空虚，他们以自卑的心理、失落的灵魂、悲观失望的心态和消极颓废的人生目标做指导，其后果只能是从失败走向新的失败，至多是永驻于过去的失败之中，不再奋发。

积极的心态对一个人的成功是至关重要的。如果你是一个能保持积极的心态，能掌握自己的思想，并使它们为自己的生活目标服务的人，那么你就能够获得更多的成功。

不要让你的心态使你成为一个失败者，成功永远属于那些抱有积极思维的人。

在美国颇负盛名、人称传奇教练的伍登，在全美12年的篮球年赛中，替加州大学洛杉矶分校赢得10次全国总冠军。如此辉煌的成绩，使伍登成为大家公认的有史以来最称职的篮球教练之一。

曾有记者问他："伍登教练，请问你如何保持这种积极心态？"

伍登很愉快地回答："每天我在睡觉以前，都会提起精神告诉自己：我今天的表现非常好，而且明天的表现会更好。"

"就只有这么简短的一句话吗？"记者有些不敢相信。

伍登坚定地回答："简短的一句话？这句话我可是坚持了20年！重点和简短与否没有关系，关键在于你有没有持续去做，如果无法持之以恒，就算是长篇大论也没有用。"

伍登的积极超乎常人，不单是对篮球的执着，对于其他的生活细节他也保持这种精神。例如，有一次他与朋友开车到市中心，面对拥挤的车潮，朋友感到不满，继而频频抱怨，但伍登却欣喜地说："这真是个热闹的城市。"

朋友好奇地问："为什么你的想法总是异于常人？"

伍登回答说："一点都不奇怪，不管是悲是喜，我的生活中永远都充满机会，这些机会的出现不会因为我的悲或喜而改变，只要不断让自己保持积极心态，我就可以掌握机会，激发更多的潜在力量。"

案例中的伍登能发挥潜能，取得成功，是因为他能始终保持积极的心态，这就是成败的差异。人生是好是坏，不由命运来决定，而是由心态来决定，我们可以用积极心态看事情，也可以用消极心态。但积极的心态激发潜能，消极的心态抑制潜能。只要你抱着积极的心态去开发潜能，你就会有用不完的能量，你的能力就会越用越强。反之，人们若是只知怨天尤人，叹息命运的不公，则会变得越来越消极无为。

人的潜能是巨大的，一个人只有具备积极的心态，才会知道自己是个什么样的人，才能知道自己会成为什么样的人，如此他才能积极地开发和利用自己身上的巨大潜能，将不可能的事变成可能，干出非凡的事业来。

超级自控力

自控力

——如何进行有效的自我管理

第四章　守得住欲望，
抵得住诱惑

名利于我如浮云，不要被名利牵着鼻子走

在名利面前，人们常常表现出两种态度。一种是淡泊名利，另一种则是追逐名利。淡泊名利，不为"名"所困，不为"利"所扰，不以物喜，不以己悲，是正确达到理想和事业顶峰的需要，是人生的追求。它是一种境界，更是一种高尚的处事方法。

《红楼梦》一书里有句开篇偈语："人人都说神仙好，唯有功名忘不了。"这似乎在诉说繁华锦绣里的一段公案，又像是在告诫人们名利世界中的冷冷暖暖，人生是什么暂且不论，名利乃身外之物却最能累人。凡是把名利看得很重的人，必将被名缰利锁所困扰。

乾隆皇帝下江南时，他曾来到江苏镇江的金山寺，看到山脚下大江东去，百舸争流，不禁兴致大发，随口问一个老和尚："你在这里住了几十年，可知道每天来来往往多少船？"老和尚回答说："我只看到两只船。一只为名，一只为利。"可谓一语道破天机。清代纪晓岚也曾指着千帆相竞的江面说："这江上只有两种人，一种是追名的人，一种是逐利的人。"

由此看来，人活在世界上，无论贫穷富贵，都免不了与名利打交道。虽然世人都知道名利只是身外之物，但是却很少有人能够躲得过名利的陷阱，

以至于一生都为名利所累。

古往今来，众多的学问家都是淡泊名利的代表者。他们对个人的名利常常采取漠然冷淡和不屑一顾的态度，而把主要精力放在对理想、事业的追求上。

1898～1902年间，居里夫妇经过几万次的提炼，处理了几十吨矿石残渣，终于得到0.1克的镭盐，测定出了它的原子量是225。居里夫妇证实了镭元素的存在，这使全世界都开始关注放射性现象。此后，世界各地纷纷来信希望了解提炼的方法。居里先生平静地说："我们必须在两种决定中选择一种。第一种选择是我们以镭的所有者和发明者自居，但是我们必须先取得提炼铀沥青矿技术的专利执照，并且确定我们在世界各地造镭业上应有的权利。第二种选择是毫无保留地说明我们的研究成果，包括提炼方法在内。"居里夫人坚定地说："我赞同第二种选择。我们绝不能据为己有，如果这样做，就违背了我们原来从事科学研究的初衷。镭既然是济世救人的仁慈物质，这东西就应该是属于世界的。"由此可见，居里夫妇具有无私、宽阔的胸怀，他们把自己的科研成果看作全人类的共同财富。就这样，居里夫妇轻易地放弃了唾手可得的名利。取得专利代表着他们能因此获得巨额的金钱、舒适的生活，还可以传给子女一大笔遗产。但是他们没有那样做，如此淡泊名利的人生态度，使人们不得不钦佩他们不平凡的气度。

居里夫人的一生获得大大小小的奖章数十个，每一项大奖都足以改变常人的生活轨迹。但她没有在荣誉面前停止不前，而是自始至终地向科学的高峰攀登。她把获得的奖金大量地赠送给他人，甚至把获得的荣誉奖章给她的女儿当作玩具玩耍。有一天，一位朋友来她家做客，忽然看见其小女儿正在玩英国皇家学会刚刚颁发的一枚金质奖章，朋友大惊道："居里夫人，现在能得到一枚英国皇家学会的奖章是极高的荣誉，你怎么能给孩子玩呢？"居里夫人笑了笑说："我是想让孩子从小就知道，荣誉就像玩具，只能玩玩而已，绝不能永远守着它，否则就将一事无成。"居里夫人对待荣誉的态度，成为后人学习的楷模。她的非凡气度为拼命追求名利的世人留下了一面明亮的镜子。

当代大学者钱钟书，终生淡泊名利，甘于寂寞，他谢绝所有新闻媒体的采访。中央电视台"东方之子"栏目的记者，曾千方百计想冲破钱钟书的防线，最后还是不无遗憾地对全国观众宣告：钱钟书先生坚决不接受采访，我们只能尊重他的意见。

20世纪80年代，美国著名的普林斯顿大学特邀钱钟书去讲学，每周只需钱钟书讲40分钟课，一共只讲12次，酬金16万美元。食宿全包，可带夫人同往。待遇如此丰厚，可是钱钟书却拒绝了。

他的著名小说《围城》发表以后，不仅在国内引起轰动，而且在国外反响也很大。新闻和文学界有很多人想见见他，一睹他的风采，都遭到他的婉拒。有一位外国女士打电话，说她读了《围城》迫切想见他。钱钟书再三婉拒，她仍然执意要见。钱钟书幽默地对她说："如果你吃了个鸡蛋觉得不错，何必一定要认识那只下蛋的母鸡呢？"

1991年11月，钱钟书80华诞的前夕，家中电话不断，亲朋好友、学者名人、机关团体纷纷要给他祝寿，中国社会科学院要为他开祝寿会、学术讨论会，钱钟书一概推辞了。

淡泊名利是一种哲学，更是一种境界，而追逐名利却是一种贪欲。当今社会真正淡泊名利的很少，追逐名利的很多。从古至今，有多少人挣扎在名利场上，正所谓："天下熙熙，皆为利来；天下攘攘，皆为利往。"又能有多少人真正做到淡泊名利、笑看人生呢？

有一位高僧，是一座大寺庙的方丈，因年事已高，寻思着要找接班人。

一日，他将两个得意弟子叫到面前，这两个弟子一个叫慧明，一个叫尘元。高僧对他们说："你们俩谁能凭自己的力量，从寺院后面悬崖的下面攀爬上来，谁就是我的接班人。"

慧明和尘元一同来到悬崖下，那真是一面令人望之生畏的悬崖，崖壁极其险峻陡峭。

身体健壮的慧明，信心百倍地开始攀爬。但是不一会儿他就从上面滑了下来。慧明爬起来重新开始，尽管这一次他小心翼翼，但还是从山坡上面滚落到原地。慧明稍事休息后又开始攀爬，尽管摔得鼻青脸肿，他也绝不放弃……

让人遗憾的是，慧明屡爬屡摔，最后一次他拼尽全身之力，爬到半山腰时，因气力已尽，又无处歇息，重重地摔到一块大石头上，当场昏了过去。高僧不得不让几个僧人用绳索将他救了回去。

接着轮到尘元了。他一开始也是和慧明一样，竭尽全力地向崖顶攀爬，结果也屡爬屡摔。尘元紧握绳索站在一块山石上面，他打算再试一次，但是当他不经意地向下看了一眼以后，突然放下了用来攀上崖顶的绳索。然后他整了整衣衫，拍了拍身上的泥土，扭头向着山下走去。

旁观的众僧都十分不解，难道尘元就这么轻易地放弃了？大家对此议论纷纷。只有高僧默然无语地看着尘元的去向。

尘元到了山下，沿着一条小溪流顺水而上，穿过树林，越过山谷……

最后他没费什么力气就到达了崖顶。当尘元重新站到高僧面前时，众人还以为高僧会痛骂他贪生怕死，胆小怯弱，甚至会将他逐出寺门，谁知高僧却微笑着宣布将尘元定为新一任住持。众僧皆面面相觑，不知所以。

尘元向同修们解释："寺后悬崖乃是人力不能攀登上去的。但是只要于山腰处低头下看，便可见一条上山之路。师父经常对我们说'明者因境而变，智者随情而行'，就是教导我们要知伸缩退变的啊。"

高僧满意地点了点头说："若为名利所诱，心中则只有面前的悬崖绝壁。天不设牢，而人自在心中建牢。在名利牢笼之内，徒劳苦争，轻者苦恼伤心，重者伤身损肢，极重者粉身碎骨。"然后高僧将衣钵锡杖传交给了尘元，并语重心长地对大家说："攀爬悬崖，意在考验你们的心境，能不入名利牢笼，心中无碍，顺天而行者，便是我中意之人。"

人生在世，对于名利一般人都是难以免俗的。今天的社会是五彩斑斓的大千世界，充溢着各种各样炫人耳目的名利诱惑，要做到淡泊名利确实是一件不容易的事情。邹韬奋曾说过："一个人光溜溜地到这个世界上来，最后光溜溜地离开这个世界，彻底想起来，名利是身外之物，只有尽一个人的心力，使社会上的人多得他工作的裨益，才是人生最愉快的事。"

人生在世，短短几十春秋，追名逐利，也乃人之常情。但凡事都有个限度，一个人若将名利看得重于泰山，势必会被卷入名利的旋涡，酿成一些不必要的悲情惨剧。相反，人若能善待名利，成则看天上云卷云舒，荣则观庭前花开花落，带一颗平和的心去面对万千浮华、几多云烟，往往会怡然自得，欣然成趣，轻松悠闲而不失自然。

人要经得起诱惑，守得住清贫

有这样一个小故事：

很久以前，一个年轻人在海边捡到了一个漂亮的盒子，上面写着："切记，无论如何，都不要打开这个盒子。否则，人类将要遭到灭顶之灾。"这年轻人开始吓了一跳，可不久就恢复了正常："这盒子里面究竟装的是什么东西呢？什么东西有如此强大的力量呢？"最终他经受不住诱惑打开了盒子。结果，这盒子里的东西跑出来了。从此，人类开始有了灾难。原来这是一个魔盒，里面装的全都是邪恶。

看了这个故事后，我们可以知道，抗拒诱惑是多么不易。大多数人都知道诱惑的存在，但又往往抵制不住诱惑。

诱惑是"美丽"的，大到权力、名誉、香车、美女、豪宅，小到吃吃喝喝、小恩小惠。这些看得见摸得着的东西，每时每刻都在撩拨着我们的神经，诱惑着我们的心灵。但是，诱惑的背后却是陷阱，犹如一杯诱人的鸩酒。如果你经不起诱惑，你就会成为诱惑的奴隶；如果你经得起诱惑，你就能保持自我，在人生的道路上快乐前行。

在海洋中，生活着一种叫虎纹鲨的鱼类，这种鲨鱼的表面生有类似于老虎身上的黑黄相间的条纹。这种鲨鱼以食鸟为生，所以人们又将它称为乌鲨。

　　每天，乌鲨最重要的任务就是将自己的脊背露出水面，然后让自己的身体自由地漂浮在海面上。从远处看，很像是一块漂浮在海面上的烂木头，可谁知道，这却是乌鲨为诱捕海鸟而设下的一个陷阱。那些在海面上飞累了的海鸟，会毫不犹豫地落在那块"烂木头"上休息，并为自己的"新发现"沾沾自喜。殊不知，自己已是命悬一线。

　　乌鲨在海面上自由地漂浮，一旦有猎物落在自己的身上，乌鲨便缓慢地让自己的身体沉入海中，这就使得落在它们身上的海鸟不得不向乌鲨的头部方向移动。

　　慢慢地，慢慢地……只要海鸟一挪动到乌鲨的头部，乌鲨的机会就算来了。时机一到，乌鲨便飞快地将头转向落在自己身上的海鸟，并一口将海鸟吸入腹中！那些"中场休息"的海鸟，就这样成了乌鲨的腹中之物。

　　每天，不知道有多少海鸟会因为贪图一时的安逸而被乌鲨诱惑，失去自己的生命。现在生活中，也不乏这样一些人，他们经不起尘世的种种诱惑，摔倒在人生的道路上。

　　当今社会，机会泛滥，诱惑无限。面对"乱花渐欲迷人眼"的花花世界，我们必须保持淡定，经得起诱惑，始终守住自己的操守，始终守住自己的底线，不能丧失原则和立场，更不能让欲望无限制地膨胀。

　　东汉人杨震是个颇得人们称赞的清官。他做过荆州刺史，后调任为东莱太守。当他去东莱上任的时候，路过昌邑。昌邑县令王密是杨震在荆州刺史任内荐举的官员，听到杨震到来，晚上悄悄去拜访杨震，并带金十斤作为礼物。

王密送这样的重礼，一是对杨震过去的荐举表示感谢，二是想通过贿赂请这位老上司以后再多加关照。可是杨震当场拒绝了这份礼物，说："故人知君，君不知故人，何也？"王密以为杨震假装客气，便说："暮夜无知者。"意思是说晚上又有谁能知道呢？杨震立即生气了，说："天知、地知、你知、我知，怎说无知？"王密十分羞愧，只得带着礼物，狼狈而回。

人生是一次诱惑之旅，每迈一步，诱惑都如影相随。经得起诱惑，其实就是选择了一种人生，也许平淡平凡，但却能活出心灵的伟大。

《清朝野史大观》记载：清道光年间，刑部大臣冯志圻酷爱碑帖书画。但他从不在人前提及此爱好，赴外地巡视更是三缄其口，不吐露丝毫心迹。一次，有位下属献给他一本宋拓碑帖，冯志圻原封不动退回，有人劝他打开看看无妨。冯志圻说，这种古物乃稀世珍宝，我一旦打开，就可能爱不释手，不打开，还可想象它是赝品。"封其心眼，断其诱惑，怎奈我何？"相信这是冯志圻的肺腑之言，因为绝大多数人抵御诱惑的能力常常是有限的，是很脆弱的，他也并不例外。所以他选择了战胜诱惑最有把握的办法——远离诱惑。

远离诱惑，不要为失去了那一点诱惑而叹息，它们并不会给你带来什么。如果拒绝了它们，你将发现，换回的将是更加光明的一切！

有一天，一位牧羊人在野外捡到了一只公羊。这只公羊不仅长相奇特、配种能力强，而且由它配种产出的那些小羊肉味鲜美。一传十、十传百，牧羊人拥有一只奇异公羊的消息很快传遍了四邻八村，大家都争相来观看这只公羊。后来，有人就提出要掏五万元来买走这只公羊，牧羊人却不肯卖出，因为他实在是太喜欢这只公羊了。

那人遭到牧羊人的拒绝后并不甘心，又提出要拿30万元来买走这只公羊，他以为牧羊人会动心，但牧羊人还是摇摇头不答应。可从这以后，觊觎这只公羊的人却多起来，公羊受到了惊吓，甚至不愿配种了，而牧羊人还不得不日夜派人来看护这只公羊。这样长期下去也不是个办法，牧羊人思索了很久，决定带着由公羊配种生出的那些小羊去参加一个拍卖会。

在拍卖会上很多人争相竞价要买走那些小羊，但出人意料的是，牧羊人竟把小羊卖给了一个出价最低的人，每只小羊的价格只有300元。正当人们为牧羊人的行为不解时，牧羊人说话了："那些小羊只是羊，它们也只值羊的价格，而我的那只公羊也只是一只羊，它也只值羊的价格，这没有什么可争议的。"

当牧羊人把他的那些小羊，以普通羊的价格售出后，再也没人来觊觎那只公羊了。公羊的生活不再被打扰，由它配种生出的小羊渐渐多起来。发展到后来，牧羊人不仅脱了贫致了富，还带领乡邻们富裕起来，更赢得了很多人的尊重。

后来有人问这位牧羊人成功的秘诀，他说了这样的话："世界上总会有这样那样的诱惑，但有些诱惑需要减少，因为这些诱惑只能引起贪婪、罪恶，并不能增加社会财富。"

生活中，诱惑很会伪装自己。它如同糖衣炮弹，总是装出一副美好的样子，引诱人们上当，落入它设的陷阱，成为它的"胜利品"。泰戈尔曾说过："顶不住眼前的诱惑，便失掉了未来的幸福。"因此，我们应擦亮自己的双眼，看清诱惑的真面目，不要被它伪装的美丽外表所迷惑，要提高自己的自制力，从而踢开成功路上的绊脚石。

欲望太多，烦恼会更多

人的欲望是无穷的，若无法得到满足，那么随之而来的烦恼也是无穷的。正如一位哲人曾说，贪欲会随着黄金数量的增加而增加，痛苦则会随贪欲的增加而增加。

南阳慧忠禅师被唐肃宗封为"国师"。有一天，肃宗问他："朕如何可以得到佛法？"

慧忠答道："佛在自己心中，他人无法给予！陛下看见殿外空中的一片云了吗？能否让侍卫把它摘下来放在大殿里？"

"当然不能！"

慧忠又说："世人痴心向佛，有的人为了让佛祖保佑，取得功名；有的人为了求财富、求福寿；有的人是为了摆脱心灵的责问，真正为了佛而求佛的人能有几个？"

"怎样才能有佛的化身？"

"欲望让陛下有这样的想法！不要把生命浪费在这种无意义的事情上，几十年的醉生梦死，到头来不过是腐尸与白骸而已，何苦呢？"

"哦！如何能不烦恼不忧愁？"

慧忠答："您踩着佛的头顶走过去吧！"

"这是什么意思？"

"不烦恼的人，看自己很清楚，即使修成了佛身，也绝对不会自认是清净佛身。只有烦恼的人才整日想摆脱烦恼。修行的过程是心地清明的过程，无法让别人替代。放弃自身的欲望，放弃一切想得到的东西，其实你得到的就是整个世界！"

"可是得到整个世界又能怎么样？依然不能成佛！"

慧忠问："你为什么要成佛呢？"

"因为我想像佛那样拥有至高无上的力量。"

"现在你贵为皇帝，难道还不够吗？人的欲望总是难以得到满足，怎么能成佛呢？"

即使是皇帝也会有很多的欲望，身为九五之尊依然欲壑难填，更何况我们平常人呢！

欲望是永无止境的。正所谓：得陇望蜀，得一望二，贪得无厌。人性中的欲望与生俱来，沉湎于欲望而不能自拔者称之为贪婪。贪婪使人迷惑，使人在不自觉中丧失了理智，直到付出了沉重的代价时，惊醒为之已晚，让本来的一件好事成了遗憾的事情。

一个沿街流浪的乞丐每天总在想，假如我手头有两万元钱就好了。一天，这个乞丐无意中发现了一只跑丢的很可爱的小狗。乞丐发现四周没人，便把狗抱回他住的窑洞里，拴了起来。

这只狗的主人是有名的大富翁，丢狗后十分着急，因为这是一只纯种的进口名犬。于是，他就在当地电视台发了一则寻狗启事：如有拾到者请速归还，付酬金两万元。乞丐看到这则启事，便迫不及待地抱着小狗去领那酬金。可当他路过一处时，发现所贴启事上的酬金已变成3

万元。乞丐突然间停了下来，想了想又转身将狗抱回窑洞，重新拴了起来。第三天，焦急的富翁果然把酬金又涨了，第四天又涨了，直到第七天，酬金涨到了让市民们都感到有些惊讶时，乞丐这才跑回窑洞去抱狗。可想不到的是，那只可爱的小狗已经被饿死了，结果乞丐还是乞丐。

贪欲使人不仅难以得到想要得到的，而且，就连已经得到的也会轻易地失去。很多人痛苦的真正原因是自己被无穷的欲望压得喘不过气来，成为欲望的奴隶。这正像明代学者朱载堉所写的一首讽刺贪心无止境者的《十不足》歌那样："终日奔忙只为饥，才得有食又思衣；置下绫罗身上穿，抬头又嫌房屋低；盖下高楼并大厦，窗前缺少美娇妻；娇妻美妾都娶下，又虑出门没马骑；将钱买下高头马，马前马后少跟随；家人招下十来个，有钱没势被人欺；一铨铨到知县位，又说官小势位卑；一攀攀到阁老位，每日思慕做皇帝；一日南面坐天下，又想神仙下象棋；洞宾与他把棋下，又问哪是上天梯；上天梯子刚放下，阎王发牌鬼来催；若非此人大限到，上到天上还嫌低"。

《内经》有言："志闲而少欲，心安而不惧。"少一分欲望便多一分快乐。其实，我们每一个人所拥有的财物，无论是房子、车子、票子……无论是有形的，还是无形的，没有一样是真正属于我们自己的。这些东西只是暂时属于我们而已，所以，我们应该将心态放平和些，把这些财富统统都视为身外之物。

有一只很有智慧的小鸟，不小心被一个路人捉住了，路人乐不可支。正当他想着如何吃时，小鸟突然说："好心人，如果你把我放了，我送你三句人生格言，让你永生富贵。"路人思考片刻，松了手。

小鸟落到地上，不疾不徐道："第一句，不要惋惜已经失去的东西！第二句，不要相信不可能存在的事情！"随即振翅飞上树梢，大笑道："笨蛋！如果刚才你把我杀了，就能从我的肚子中得到一千克钻石！"那人一听，气急败坏，忽然又想起还有一句话，就去问。小鸟讥笑道："既然你忘记了前两句名言，告诉你第三句又有何益？难道我没告诉你：'不要惋惜已经失去的东西，不要相信不可能存在的事情'吗？你想想看，我不足半斤，腹中哪会有一千克钻石呢？"闻听此言，那人顿时呆了，哭笑不得。

一位哲人说过，生命是一团欲望，欲望不满足便痛苦，满足便无聊。人可以适度满足欲望，但不能过度，要懂得回归，反观自照。所以，我们要学会放下，过一种简单而淡定的生活。

失意要坦然，得意要淡然

得之淡然，失之泰然，顺其自然，争其必然。人生总是有得有失，这本是无可厚非的，但如何正确对待个人得失，却是我们应该深思和慎重对待的。有道是：避苦求乐是人性的自然，多苦少乐是人生的必然，能苦会乐是凡人的坦然，化苦为乐是智者的超然。一个人有了海阔天空的心境和虚怀若谷的胸怀就能自信达观地笑对人生的种种苦难与逆境。视世间的千般烦恼、万种忧愁如过眼烟云，不为功名利禄所缚，不为得失荣辱所累，就能从苦境或困惑中解脱出来。以宽宏大量和豁达大度去容忍别人和容纳自己，遇事想得开，看得透，拿得起，放得下；得之淡然，失之泰然。

战国时期，靠近北部边城，住着一位老人，名叫塞翁。一次，他养的一匹好马突然失踪了。邻居和亲友们听说后，都跑来安慰他。老人并不焦急，他笑了笑说："马虽然丢了，怎么知道这就不是一件好事呢？"邻居听了老人的话，心里觉得很好笑。马丢了，明明是件坏事，他却认为也许是好事，显然是自我安慰而已。

过了几天，丢失的马不仅自己返回家，还意外地带回一匹匈奴的骏马。这事轰动了全村，人们纷纷向老人祝贺。塞翁听了邻人的祝贺，反而一点高兴的样子都没有，忧虑地说："白白得了一匹好马，不一定是什么福气，也许会惹出什么麻烦来。"

几天之后，老人的独生子骑着那匹好马玩。这匹马不熟悉它的新主人，乱跑乱窜，将小伙子摔下来，把他的腿摔瘸了。

人们听说后，又跑来安慰老人。可是老人仍然不急地说："没什么，腿摔断了却保住性命，或许是福气呢！"邻居们觉得他又在胡言乱语。他们想不出，摔断腿会带来什么福气。

不久，边境上发生了战争，很多青年人应征入伍，上了前线，伤亡者十之八九，只有老头儿的儿子因为身体残疾留在家里，才侥幸活了下来。

"塞翁失马，焉知非福。"塞翁这种穿透长远时空、利弊并重的思考问题的方式，产生出"不以物喜，不以己悲"、顺其自然的平常心。顺其自然不等于逆来顺受，而是随着环境的变化而调整心态，乐观积极地面对现实。顺其自然是种与世无争的悠闲，得之淡然，失之坦然。

清朝名臣谢济世，他一生四次被诬告，三次入狱，两次被罢官，一次充军，一次刑场陪斩，经历不可谓不坎坷。雍正四年（1726年），谢济世任浙江道监察御史。上任不到十天，他上疏弹劾河南巡抚田文镜营私负国，贪虐不法，列举田文镜十大罪状。因田文镜深获雍正倚重、宠信，谢济世的弹劾引起雍正不快，谢济世不看皇帝脸色行事，仍然坚持弹劾。雍正认定谢济世是"听人指使，颠倒是非，扰乱国政，为国法所不容"，免去谢济世官职，下令大学士、九卿、科道会审。严刑拷打之下，虽然没有拿到证据，但仍然以"要结朋党"的罪名，拟定对其斩首。后改为削官谪戍边陲阿尔泰。

经过漫长艰难的跋涉，谢济世与一同流放的姚三辰、陈学海终于到达陀罗海振武营，他们商量着准备去拜见将军。有人告诉他们：戍卒见将军，一跪三叩首。姚三辰、陈学海听后很是凄然，为自己一个读书人要向人行下跪磕头的大礼而难过。唯独谢济世倒像是没事似的，心情轻松，不以为然。他对自己的两个同伴说："这是戍卒见将军，又不是我见将军。"等见到将军，将军对这几个读书人很是敬重，免去了大礼，还尊称他们为先生，又是赐座，又是赏茶。出来的时候，姚三辰、陈学海很是高兴，脸上露出得意神色，谢济世倒是一脸平静。他说："这是将军对待被罢免的官员，不是将军对待我，没什么好高兴的。"两个同伴问他："那么，你是谁呀？"谢济世回答说："我自有我在。"

在谢济世眼里，没有得意，没有失意，有的是对自我的肯定，淡淡地来，淡淡地去，换来灵性的清净，对人生、对社会的宽容和不苛求，得到的是自己内心的宁静和有条不紊。

"得之淡然，失之泰然"是一种心境，是面对一切的不计较。坦然，是面对现实的一种从容不惊，一种泰然。人生之路并不都是充满阳光的平坦大道，有时也会有沟沟坎坎、磕磕绊绊，许多的成败得失，并不都是我们能预料到的，也不是我们都能够承担得起的，但只要我们努力去做，求得一份付出后的坦然，得到的也会是快乐。

学会"得之淡然，失之泰然"，才能真正做到心态平衡，才能经受住成功和失败的种种考验。

功遂身退，天之道也

老子曾说过："功遂身退，天之道也。"意思是说，人要符合天的道，功业已经成了，就引身后退，这是一种自然的规律。

老子距我们已经有几千年的时间了，但"功成身退"的思想对我们来说仍有一种积极的借鉴作用。这里提出的"功成身退"仅是一种退守策略，是指一个人能把握住机会，获得一定成功后名利已有，见好就收。

功成身退，是智者所欣赏的一种明智的选择。

清代名臣曾国藩可谓深知官场沉浮的人，也是做官人的典范。他进士出身，在剿杀太平天国的战争中成为清廷的"中兴名臣"。曾奉旨署湖北巡抚赏戴花翎，奉署两江总督，兼钦差大臣，功名达到顶峰。曾国藩常吟咏的格言是："盛时常作衰时想，上场当念下场时。"追求的境界是："花未全开月未圆。"55岁时，曾国藩受到加官晋爵的嘉奖，一时权倾朝野，他却请求解除本兼各职，注销爵位，甘当平民百姓。

当退则退是古人推崇备至的处世之道。功成身退，这是一种明智之举。它需要你认清时势，不要为了逞一时之能，把事情做绝。

公元前5世纪，吴、越两国为了争夺霸业，互不相让，相互对抗。后来，越王勾践败于吴王夫差之手，不得不逃亡会稽山，忍辱负重与吴国谈和。几经交涉后，吴国才答应让勾践回国。勾践回国后一直记着所受的耻辱，卧薪尝胆，立誓雪耻。20年后，终于灭亡吴国。而帮助越王成功的就是范蠡。范蠡不但是一个忠心耿耿的臣子，而且是一个理智的智者。

范蠡被任命为大将军后，自忖：长久在得意之至的君主手下工作是危机的根源。勾践这个人虽然可以与他分担劳苦，但是不能与他共享成果。于是他便向勾践表明自己的辞意。勾践并不知道范蠡的真实意图，于是拼命挽留他。但范蠡去意已定，搬到齐国居住，自此与勾践一刀两断，不再往来。

移居齐国后，范蠡不问政事，与儿子共同经商，很快成为富甲一方的大富翁。齐王也看中他的能力，想请他当宰相。但他婉言谢绝。他深知：在野而拥有千万财富，在朝而荣任一国宰相，这确实是莫大的荣耀。可是，荣耀太长久了反而会成为祸害的根源。于是，他将财产分给众人，又悄悄离开了齐国到了陶地。不久后，他又在陶经营商业成功，积存了大量财富。可见范蠡才智过人，并具有过人的洞察力。他之所以离开越国，拒绝齐王的招聘，以及成功地经营事业，这些都在于他深谙"功成身退"的道理。

功成而不居，急流勇退，便可以保全天年。然而有些人则贪心不足，居功自傲，忘乎所以，结果身败名裂。历史上，不乏因居功自傲或不甘寂寞而招来杀身之祸的名将、名臣。

春秋末期，勾践灭吴之后，其谋士范蠡曾劝文种离开越王，否则必有杀身之祸，后又写信给文种说："我听说天有四时，春生而冬伐；人有盛衰，泰极而否来。知进退存亡而不失其正道，大概只有圣人才能做到吧！蠡虽才能低下，还能明白进退之道。高鸟已尽，良弓当藏；狡兔已死，良犬当烹。您如不忍离去，必为所害！"但文种始终不信越王会加害于己，没有离去。勾践大业已成，对功臣们态度逐渐冷淡起来，并且越来越疏远他们。文种因此而心中郁闷不乐，忧心忡忡，并且多日称病不朝。于是有人向越王诬告文种说："文种自以为是他才使君王有今天，但不见给他加官封地，心怀怨恨，故不来朝见。"勾践开始对文种产生恶感。公元前427年的一天，越王召见文种说道："你有阴谋兵法、克敌制胜的九术之策，今用其三，即已灭吴，还有六术在你那里，望你能用其余的六术辅助我前王于地下，以灭吴之前人。"于是，文种仰天叹道："可悲呀！我悔不听范蠡之言，而终为越王所杀！"随即，勾践赐剑，文种自刎而死。

历史和现实生活告诉我们：要避免祸端，必须学会放弃！放弃是为了更好地拥有。功成身退看似是一种放弃，但并非不食人间烟火的脱俗，而是一种呼唤率直的生活理念，一种近乎平淡却真挚的人生态度。

总之，功成身退，此乃天之道也。一个懂得功成身退的人，是识时务的，他知道何时保全自己，何时成就别人，以儒雅之风度来笑对人生。

不能控制自己的欲望，就会成为欲望的奴隶

据说，在阿尔及尔地区生活着一些贪婪的猴子，它们经常偷食农民的大米，当地的人们很伤脑筋。后来，人们根据这些猴子的特性，发明了一种捕捉猴子的巧妙方法：人们把一只葫芦形的细颈瓶子固定好，系在大树上，再在瓶子中放入猴子最喜欢的大米。当猴子见到瓶子中的大米后，就把爪子伸进瓶子去抓大米。这瓶子的妙处就在于猴子的爪子刚刚能够伸进去，等它抓起一把大米时，爪子就怎么也拉不出来了。

猴子急于吃到瓶子中的大米，贪婪的本性更使它不可能放下已经到手的大米，就这样，它的爪子也就一直抽不出来，只好死死地守在瓶子旁边。第二天早晨，人们把它抓住的时候，它依然不会放开爪子，直到把那米放入嘴里。

动物尚且贪婪无度，人性的贪婪更是如此。禁不住诱惑，欲壑难填的人往往会在不知不觉中陷入欲望的陷阱，不能自拔。世人如何不心安，只因放纵了欲望，人生的痛苦也源于贪欲。

从前，有个农夫靠种田为生，他长年累月辛苦劳作，仍改变不了贫穷的生活状况。于是，他经常到庙里拜佛烧香，祈求佛祖降临好运，帮他脱离苦海。佛祖果然慈悲。有一天，这个农夫在田间无意中挖出了一

尊金罗汉。转眼间，他过上了富裕的生活，不但不用每天辛苦劳作，而且还买了几间大房子和十几亩地。甚至有一些以前看不起他的宾朋亲友也从四面八方赶来向他祝贺。

可是，这个农夫只高兴了一阵，继而却犯起愁来。他每天吃不香，睡不好。"我们现在有这么大的家产，真不知道你还愁什么！"他老婆劝了几次都没有效果，不由得高声埋怨起来。

"你一个妇道人家怎能理解我的愁事呢！"农夫叹了口气，说了半句便很懊恼地用双手抱住头，又变成了一只闷葫芦。

"那你倒是说说看，为什么发愁啊？"他老婆不解地问。

"真是头发长见识短！你想想看，十八罗汉我只挖到一个，其他十七个不知在什么地方，要是那十七个罗汉一齐归我所有，那该有多好啊。"——这才是他犯愁的最大原因。

欲望人皆有之。但是，欲望过多时，如不加以制止，便成了贪婪。贪婪者无穷无尽地想要拥有，其最终结果可能一无所获。

有一次，苏格拉底带着他的弟子在野外修行。他们来到一块麦田前，苏格拉底对弟子们说："从现在开始，你们从这块田地一边走到另一边，在田里捡一穗最大的麦穗，如果谁捡到了，这块田地就归谁。"

弟子们听了，都兴奋地拍起了手。

苏格拉底笑了笑，接着说："但有一个前提，就是你们只能拾一穗并且谁也不准回头重新拾。"

弟子们满不在乎地说："好，这还不简单。"

"既然如此，那我就在对面等你们。"于是，苏格拉底就坐在田地对面的大树下等待结果。弟子们一起冲进田地，从一边走到对面，但最后他们却都失败了，双手空空而回。原因很简单，那就是他们都以为最大的麦穗在前头，看了看，比一比，都觉得眼前的不够大，所以他们的目光总是放在最前方，一路上也总是匆匆向前，结果到了尽头才发现其实最大的麦穗早已错过了。

这故事说明了一个道理：人的欲望永不能满足，贪念使人们丧失了明确判断的能力。人们总想要得到更多的东西，所以"贪"成为大多数人的毛病。好东西总是吸引人的，如果你抓住自己想要的东西不放，越是抓得紧，越是抓住不放，失去的往往也会越多，结果可能什么也得不到。

有一只船快沉的时候，船上所有的人顾不得财物，纷纷离船逃命去了。有一水手，舍不得财物沉在海里，也舍不得把他的命丢在那里，所以他就先拿了一个最好的救生圈，围在自己的胸前，并对自己说："现在命是保险的了，现在可用一点工夫，去发横财。"于是，他跑到舱底下去搜刮金银、钞票。所得真是不少，他拿块大布，包满金银钞票，绑在自己腰里，跑到船面上。现在船快沉了，时机不可再失，他就往海一跳，盼借救生圈浮在水面，等人来救。但很奇怪，一跳下海，他并不上浮，就像一块石头，一直沉到海底。救生圈失了功效吗？为何沉下去呢？因为金钱太重。救生圈的力量只够救他自己，救生圈的力量不够救他的金钱。

人是一种贪婪的动物，永远没有满足的时候，所以也常常把自己逼得有气无力，好想放松一下，可一旦放松，又好像要失去一些东西，又不得不把自己往不满足的方向推，到头来可能人财两空。做人如果不能控制自己的欲望，就会成为欲望的奴隶，最终丧失自我，被欲望所役。

有一个流浪汉在家里诚心地祈祷："万能的上帝啊，我只求你施舍我一些钱财吧，我只要一点点……"

这时候，上帝在流浪汉的身旁出现了，说道："好吧，我就让你发财吧，我会给你一个有魔力的钱袋，这钱袋里永远都有一块金币，是拿不完的。但是，你要记住，在你觉得够了的时候，要把钱袋扔掉才可以开始花钱。"

果然在流浪汉的身边，真的有一个钱袋，里面装着一块金币。流浪汉把那块金币拿出来，里面又有一块。于是，流浪汉不断地往外拿金币。

到了第二天，他很饿，很想去买面包吃。但是，在他花钱以前，必须扔掉那个钱袋，但他舍不得扔掉。他又开始从钱袋里往外拿钱。每次当他想把钱扔掉时，总觉得钱不够多。他不吃不喝地拿，金币已经快堆满一屋子了。同时，他也变得又瘦又弱，头发也全白了，脸色蜡黄。

他虚弱地说："我不能把钱袋扔掉，金币还在源源不断地出来啊！"终于，当他挣扎着用尽最后一点力气去拿钱袋中的金币时，他头一歪，饿死在成堆的金币旁。

贪婪的人总希望得到更多，他不知满足，结果命运让他失去一切，贪心只会愚弄自己。

这个世界有太多的诱惑，因此有太多的欲望，并随之有太多欲望得不到满足的痛苦。我们要以清醒的心态、从容的步履走过人生的岁月，不要让贪婪填满我们的心田。要知道我们终生劳苦而获得的财富和我们所能享受到的世俗的欢乐都只是过眼云烟，只有无欲的心才能给我们以安慰。虚怀若谷方可无忧无虑，才会远离烦忧。

远离虚荣，才能过得踏实

虚荣心是对名利、荣誉、面子等的一种过分追求，是道德责任感在个人心理上的一种畸形反映，是一种不良的心理品质，其本质是利己主义的反映。心理学上认为，虚荣心是自尊心的过分表现，是为了取得荣誉和引起普遍注意而表现出来的一种不正常的社会情感。

这是一则发人深省的寓言：

一只猫和一只猴子看见火堆中烧着栗子，香气扑鼻，但是有火不好拿。于是，猴子灵机一动，它对猫说："你的爪子长得真灵巧，肯定能把栗子拿出来。"猫被猴子夸奖得很高兴，便把爪子伸到火里去取栗子。猫的爪子刚碰到火，上面的毛立刻被烧焦了，痛得它大叫一声，急忙甩掉栗子。猴子趁机把栗子吃掉了。

猫的虚荣，使它帮助猴子阴谋得逞，这就是有名的"火中取栗"的故事。现实中因为虚荣而失去很多的人也不在少数。因为虚荣，使自己做许多没有意义的事情；因为虚荣，使自己失掉许多宝贵的东西。

现实生活中，每个人或多或少都有点虚荣心，适度的虚荣心是促使人们积极上进的动力，但虚荣心过强，就会使人浮夸、不务实，盲目追求力所不及的事物，进而丧失生活的准则。

男孩和女孩是一对青梅竹马的恋人。

有一天，男孩女孩牵着手去逛街。当经过一家首饰店门口时，女孩一眼看见了摆在玻璃柜中的那条心形的金项链。女孩心想：我的脖子这么白，配上这条项链一定好看。男孩看见了女孩眼中的那份依依不舍，他摸摸自己的钱包，脸红了，拉着女孩走开了。

几个月后，女孩的20岁生日到了。在女孩的生日宴会上，男孩喝了很多酒，才敢把给女孩的生日礼物拿出来，那正是女孩心仪的那条心形的金项链。女孩高兴地当众吻了一下男孩的脸。过了半晌，男孩才憋红着脸，搓着手，嗫嚅地说："不过，这、这项链是……铜的……"男孩的声音很小，但客厅里所有的客人都听见了。女孩的脸蓦地涨得通红，把正准备戴到自己那白皙漂亮的脖子上的项链揉成一团随便放在了牛仔裤的口袋里。"来，喝酒！"女孩大声说，直到宴会结束，女孩再也没看男孩一眼。

不久后，一个男人闯进了女孩的生活。男人说，他什么也没有，只有钱。当他把闪闪发光的金首饰戴到女孩身上时，同时也俘虏了女孩那颗爱慕虚荣的心。他们很快便在外面租了一间房子同居了。男人对女孩百依百顺，女孩暗暗庆幸自己在男孩和男人之间做出的选择。对于女孩来说，那真是一段幸福的日子。

但是好景不长，在女孩发现自己怀孕了的同时，也发现男人失踪了。当房东再一次来催她缴房租时，她只得走进了当铺，把自己所有的金首饰摆在了柜台上。老板眯着眼睛看了一眼说："你拿这么多镀金首饰来干什么？"女孩一下子愣住了。接着老板的眼睛一亮，扒开一堆首饰，拿出最下面的那条项链说："嗯，这倒是一条真金项链，值一点钱。"女孩一看，这不正是男孩送她的那条假金项链吗？当铺老板把玩着那条心形的项链问："喂，你打算当多少钱？"女孩忽然一把夺过那条项链就走了。

虚荣者，容易受骗，容易不理智。受虚荣驱使的人，只追求表面上的荣耀，不顾实际条件去求得虚假的荣誉。看似拥有许多，却是梦幻，当梦一醒，会发现什么都没有，就是一场梦。有人说虚荣心是一种扭曲的自尊心，死要面子、打肿脸充胖子，这就是对虚荣心的生动描述。

虚荣，是人生的一记暗伤。轻者，累及一时；重者，痛苦一生。太爱慕虚荣，不是自己为自己增光，而是自己给自己添累。

莫泊桑的《项链》就写了这样一个悲剧故事。

天生丽质、出身贫穷的女子洛阿赛太太，心比天高，命比纸薄。她梦想与王子联姻，却嫁给了一个小职员；她渴望身居王宫大厦，却住在一个普通公寓里。"她没有香水，没有珠宝，而这些正是她梦寐以求的东西。"她有个富贵的朋友，是她的同班同学，她从来不去看望这个朋友，因为她如果看到朋友的那些珠宝首饰，正是自己想得而得不到的时，就会很痛苦。有一天晚上，她丈夫高高兴兴地回到家里，告诉她："我们接到一份请帖，可以参加公共教育部长和他夫人举行的晚会。"洛阿赛太太起初表现得很高兴，可是一会儿她又变得很沮丧："可是我没有像样的衣服。"她说。于是丈夫给她买了一件衣服，可她还是不开心。"我没有首饰。"丈夫讨好地对她说："为什么不到你的朋友福莱斯蒂太太那儿去借呢，她的首饰多的是。""对呀，我怎么就没想到这个好办法呢！"她高兴地喊了起来。她到朋友的家里借来了一串美丽的钻石项链。

她穿着新衣服，戴着璀璨的项链，在晚会上，她成了所有女宾中最美丽动人的一个，这极大满足了自己的虚荣心。晚会结束了，她还久久陶醉在那愉快的气氛中。但当她兴致勃勃地回家后，对着镜子卸下晚装时，忽然发出一声惊呼："项链，我把福莱斯蒂太太的项链弄丢了。"于是她到处去找，可是找遍了所有的地方都没有找到。"我们总得想办法赔呀！"她和丈夫一起从这家首饰店跑到那家，从那家又跑到另一家，一家一家地跑，终于找到了一条和弄丢的那条非常相像的了。可是店主告诉他们，这个要四万法郎，虽然可以减价，但最少也要三万六千。于是他们四处奔走，找遍了亲戚朋友、银行家、高利贷者、放债人，最后才凑足了三万六千法郎。

洛阿赛太太把项链还给了她的朋友，从此开始为偿还债务而不停地劳作。她含辛茹苦，终日洗刷忙碌，两手变得粗糙，容颜憔悴。丈夫也跟她一起辛苦劳作，替商人们结算账目，为了五分钱一页的报酬抄写文件，常常通宵达旦。他们这样过了十年，才还清了全部债务。

一个星期天，已经苍老憔悴的洛阿赛太太在大街上走着的时候，忽然看到一个年轻、漂亮、动人的贵妇人从对面走来，原来是福莱斯蒂太太。洛阿赛太太招呼道："珍妮，你早！"福莱斯蒂太太没认出她来，怔怔地望着她。"你不认得我了吗？珍妮，我是玛蒂尔德·洛阿赛。""啊，我可怜的玛蒂尔德！你怎么变成这个样子了？""这些年来，我的境况很不好——都是为了你。""为了我？怎么回事呀？""我把你借给我的项链弄丢了，后来买了一串跟它一样的还给了你，这十年，我都在还这笔债呢。"福莱斯蒂太太激动地说："我可怜的玛蒂尔德，我的那串项链是假钻石的呀，顶多只值五百法郎。"

玛蒂尔德的悲剧正是由虚荣造成的。她为了一时的虚荣，而赔上一生的幸福。正是她的爱慕虚荣，才使她付出了如此惨重的代价。

有时，人们因为自己可怜的虚荣心，通过炫耀、显示、卖弄等不正当的手段来获取荣誉与地位，但结果往往会弄巧成拙。虚荣心很强的人往往是华而不实的浮躁之人。法国哲学家柏格森说：一切恶行都围绕虚荣心而生，都不过是满足虚荣心的手段。他的话虽然未必全对，但至少反映了相当一部分现实。所以，当虚荣之花向你招手的时候，请收回你仰慕的目光，沿着朴实的真实之路出发，如此才能拥有一个圆满的结局，谱写又一个永恒！

超级自控力

——如何进行有效的自我管理

第五章　用目标约束自己，
掌控人生的方向

人生有方向，才能稳定立世

所谓成功，就是实现既定的目标。所以，成功的第一步，从设立目标开始。

在成功的道路上，有明确的目标，就能够避免不必要的浪费。当你给自己定下目标之后，目标就会成为你努力的动力。目标给了你一个看得着的射击靶。你努力实现这些目标，自己就会有一种成就感。

德国法兰克福的钳工汉斯·季默，从小便迷上了音乐，他的心中有一个人生目标——当音乐大师。买不起昂贵的钢琴，他就自己用纸板制作模拟黑白键盘，他练贝多芬的《命运交响曲》把十指都磨出了老茧。后来，他用作曲挣来的稿费买了架钢琴。有了钢琴的他如虎添翼，并最终当上了好莱坞电影音乐的主创人员。

他在作曲时常忘了与恋人的约会，惹得许多女孩骂他是"音乐白痴""神经病"。婚后，他帮妻子蒸的饭经常变成"红烧大米"。有一次，他煮加州牛肉面，边煮边用粉笔在地板上写曲子，结果把面条煮成了粥。

他不论走路或乘地铁，总忘不了在本子上记下即兴的乐谱，当作创作新曲的素材。甚至他从梦中醒来，都会打着手电筒写曲子。

在第67届奥斯卡颁奖大会上，汉斯·季默以闻名于世的动画片《狮子王》荣获最佳音乐奖，那天是他37岁的生日。我们羡慕那些成功人士所获得的鲜花、掌声，却不知这些成功者背后的艰辛。

目标不仅是奋斗的方向，更是一种对自己的鞭策。有了目标，才会有热情，有积极性，有使命感和成就感，才能最大限度地发挥自己的优势，调动沉睡在心中的那些优异、独特的品质，造就自己璀璨的人生。

无论你从事什么职业，从事哪项工作，在你心中都要先有一个明确的目标。有了目标，就有了指引前进方向的"指南针"，你的工作就会变得有目的、有追求，一切似乎清晰、明朗地摆在你的面前。什么是应该做的，什么是不应该做的，为什么而做，为谁而做，所有的问题都明显而清晰。

为了证明树立目标的重要性，我们可以假设一场NBA篮球冠军争夺战中的一个场景：

两支球队在做了赛前热身运动后，为了投入比赛做好了身体上的准备，然后他们返回更衣室，由教练给他们面授行动前最后的"机宜"，下达最后的指标。他告诉队员："小伙子们！这是最后一战，成败在此一举，我们要么一举扬名，要么默默无闻，结果就取决于今天！没有人会记得第二名！整个赛季的成败就在今晚！"

队员们士气高涨，一个个像打足了气的皮球。当他们冲出门跑向球场时，几乎把门从门框上扯下来。可当他们来到球场上时却愣住了，一个个大惑不解，十分沮丧和恼怒，原来他们发现球篮不见了，他们愤怒地大叫："没有篮筐我们怎么打球？"

没有投球的目标，队员们就无法进行比赛。同样，人生若失去目标，我们就不知道该往哪个方向而努力，我们就如同没有舵的船，永远漂流不定，只会搁浅在失望、失败和丧气的海滩上。

哲学家爱默生曾说过："当一个人知道他的目标去向，这个世界是会为他开路的。"的确，给自己一个梦想，一个目标，把它们深藏于心，每天不断地提醒自己，并且为了这个目标，制订一个详细而周全的计划，不时地检验计划的执行情况，你就一定能够如愿以偿。

曾有一个青年人因为工作问题跑来找拿破仑·希尔，这个青年人眉清目秀，举止大方，聪明伶俐，大学毕业已经四年，尚未结婚。

他们先谈青年人目前的工作、受过的教育、背景和对工作的态度，接着拿破仑·希尔对青年人说："你找我帮你换工作，你喜欢哪一种工作呢？"

青年人说："这正是我来找你的目的，也是我一直所苦恼的事情，我真的不知道自己想要干什么。"

拿破仑·希尔又问道："让我们从这个角度看看你的计划，十年以后你希望自己怎样呢？"

青年人想了想："我期待我的工作和别人一样，待遇优厚并且有能力买一栋房子和一辆汽车。当然，我还没有深入思考过这个问题呢。"

拿破仑·希尔继续解释道："那是很自然的，你现在的情形就好比跑到火车站的售票处说'给我一张火车票一样'。除非你说出你的目的地，否则售票员没办法卖给你车票。只有我知道你的目标，才能帮你找工作。换而言之，你自己确定了自己的目标了吗？"

青年人陷入了沉思之中。拿破仑·希尔也确信，青年人已经学到了人生最关键的一课，那就是：你出发之前，一定要有明确的目标。

可见，一个人如果没有明确的目标就没有做事的方向，也就失去了做事的动力。而如果有目标，才会有奋斗的方向和为之奋斗的计划。

对于每一个人来说，重要的是要有明确的目标，要对自己的人生有个恰如其分的设计。只有树立了明确的行动目标，才会有为之奋斗的不竭动力。

目标就是希望，目标就是挖掘潜能的动力。

目标，是一个人未来生活的蓝图，同时也是人精神生活的支柱。美国著名整形外科医生马克斯韦尔·莫尔兹博士在《人生的支柱》中说："任何人都是目标的追求者，一旦达到目的，第二天就必须为第二个目标动身启程了……人生就是要我们起跑、飞奔、修正方向，就好像开车奔驰在公路上，有时偶尔在岔道上稍事休整，便又继续不断地在大道上奔跑。旅途上的种种经历才令人陶醉、亢奋激动、欣喜若狂，因为这是在你的控制之下，在你的领域之内大显身手，全力以赴。"对我们每个人来说，明确的目标犹如我们成长过程中的灯塔，照亮我们前进的方向，指引我们不断前进。无论我们在做什么，都必须一直瞄准目标前进。

有什么样的目标，就有什么样的人生

世界顶尖潜能大师安东尼·罗宾曾经这样说："有什么样的目标，就有什么样的人生。"

有一年，一群意气风发的天之骄子从美国哈佛大学毕业了，他们即将走上各自的人生之路。他们的智力、学历、环境条件都相差无几。临出校门，哈佛对他们进行了一次有关人生目标的调查。结果是这样的：

27%的人，没有目标；

60%的人，目标模糊；

10%的人，有清晰但比较短期的目标；

3%的人，有清晰而长远的目标。

以后的25年，他们各自前行。

25年后，哈佛再次对这群学生进行了跟踪调查。结果是这样的：

3%的人，25年间他们朝着一个方向不懈努力，几乎都成为社会各界的成功之士，其中不乏行业领袖、社会精英；

10%的人，他们的短期目标不断实现，成为各个领域中的专业人士，大都生活在社会的中上层；

60%的人，他们安稳地生活与工作，但都没有什么特别的成绩，几乎都生活在社会的中下层；

剩下的27%的人，他们的生活没有目标，过得很不如意，并且常常埋怨他人，抱怨社会，抱怨这个"不肯给他们机会"的世界。

上面这组数据告诉我们：我们只有为自己树立一个清晰而长远的目标，才能在事业上取得丰硕的成果。

人生道路上，每个人都有自己的志向、追求、目标和理想。但不同的人，所立的志向、所抱的理想各不相同。有个人成名之志，有小家庭温饱之志，有发大财之志，有追求个人享受之志，有心怀天下的鸿鹄之志。

有三个从农村到城市打工的年轻人，他们在同在一家炼铁厂工作。

厂里工作辛苦，工资又不高。下班了，三个人都有自己的活儿。一个到城里去蹬三轮车，一个在街边摆了一个修车摊，还有一个在家里看书，写点文章。蹬三轮车的人钱赚得最多，高过工资；修车的也不错，能对付柴米油盐的开支；看书写字的那位虽没有收入，但也活得从容。

有一天，三个人说起自己的目标和愿望。蹬三轮车的人说："我以后天天有车蹬就很满足了。"修车的说："我希望有一天能在城里开一间修车铺。"喜欢看书写东西的那个人想了很久才说："我以后要离开**炼铁厂，我想靠我的文字吃饭。"**其他两位当然都不信。

　　5年过去了，他们还是过着同样的生活。10年后，修车的那位真的在城里开了一家修车铺，自己当起了老板。蹬三轮车的那位还是下班了去城里蹬车。15年后，看书写字的那位发表的一些作品，在地区引起了不少关注。20年后，他的作品被一家出版社看中，本人也调到省城当了编辑。

　　上面这个故事告诉我们：目标大小与一个人的成就有直接的关系。所以说，为自己树立一个远大目标是极其重要的。人不能没有目标，没有目标也就没有足够的动力，目标有时就等于雄心。目标是成功的第一推动力。所有成功者在成功之前都一定有自己远大的目标，并都在远大目标的指引下努力寻求到达成功的道路。

　　李嘉诚在创业初期，将自己的塑胶厂取名叫"长江"，其意义为："长江不择细流，故能浩荡万里。长江之源头，仅涓涓细流，东流而去，容纳无数支流，汇成汪洋之势。日后的长江塑胶厂，发展势头也会像长江一样，由小到大。长江是中华民族的骄傲，未来的长江集团也应该使中国人引以为自豪。长江浩荡万里，具有宽阔的胸怀，一个有志于实业的人，理当扬帆万里，破浪前进，去创建宏图伟业。"

　　庞大的塑胶花市场，为李嘉诚带来了数以千万港元的利润。"长江"因此而成为世界上最大的塑胶花制造基地，李嘉诚则被誉为"塑胶花大王"。

　　但是李嘉诚并没有满足于"塑胶花大王"这项桂冠，而是不断为自己开发新的起点，使自己不断地取得更高的成绩。

　　李嘉诚不久便大举进军房地产市场，1979年又斥资6.2亿元，从汇丰集团购入22.4%的股权，使"长江"成为第一个控制英资大行的华资财团。1986年，李嘉诚进军加拿大，购入赫斯基石油逾半数权益。

第五章　用目标约束自己，掌控人生的方向

40年来，李嘉诚从经营塑胶业、地产业到掌握多元化的集团，他的业务经营领域早已越过太平洋，向美国及世界伸展，成为中国的骄傲。

如果当初李嘉诚满足于自己"塑胶花大王"的称号，裹足不前，恐怕就不会有以后的辉煌，也不会有"华人首富"这个称号了。

有远见的人追求的是长远的目标，一个目标实现了，又会设定新的奋斗目标，不断地追求新的目标，为之努力奋斗，永不停滞，永不满足。

毋庸置疑，一个具有崇高生活目的和思想目标的人，会比一个根本没有目标的人更有作为。人生志向决定人一生的成功顶峰。一个人奋斗的动力来源于定下的不凡目标，不凡的成功归功于对目标孜孜不倦的投入。

有一个大热天，一群人正在铁路的路基上工作。这时，一辆火车缓缓地开过来，劳动的人只好放下工具。火车停下来后，最后一节特别装有空调装备的车厢的窗户忽然打开了。一个友善的声音由里面传出来："大卫，是你吗？"这群人的队长大卫·安德森回答说："是的，吉姆，能看到你真高兴。"寒暄几句后，大卫就被铁路公司的董事长吉姆·摩非邀请上去了。这两人经过一个多小时的闲聊后，握手话别，火车又开走了。

这群人立刻包围了大卫，他们都对他居然是铁路公司董事长的朋友而感到吃惊。大卫解释说，20年前他与吉姆·摩非在同一天开始为铁路公司工作。

有人半开玩笑半正经地问大卫："为什么你还要在大太阳下工作，而吉姆·摩非却成了董事长？"大卫说了一句意味深长的话："20年前我为每小时1.75美元的工资而工作，而吉姆·摩非却为铁路事业而工作。"

正如大卫所说，他们两人20年后的境遇相差如此大，是由他们各自选择的目标决定的。吉姆·摩非比大卫·安德森要成功得多了，一开始前者的目标肯定就比后者的远大并具有挑战性。这样的目标树立以后，就必须付出超过常人的努力，坚持不懈地干下去，当然20年后结果就不一样了。

不同的目标就会有不同的人生。从这个例子我们看出，人生中目标的设立与你的最终成就紧密相关，要想取得成功，尽量为自己树立一个高远的目标吧！

远大目标是人的精神支柱和动力源泉，它可以不断地激发人的生命活力，使其永葆内在的青春。人生若没有远大目标，就不会有向上的动力，只能是浑浑噩噩、碌碌无为地度过一生。当我们在人生长河中扬帆远航时，千万不要忘记树立远大的目标。

不断修正，及时调整自己的目标

有这样一个小故事：

有一个人布置了一个捉火鸡的陷阱，他在一个大箱子的里面和外面撒了玉米，大箱子有一道门，门上系了一个绳子，他抓着绳子的另一端躲在一处，只要等到火鸡进入箱子，他就拉紧绳子，把门关上。

一天，有12只火鸡进入箱子里，还没等他回过神来，1只火鸡就溜了出来。他想等箱子里有12只火鸡后，再关上门，然而，就在他等第12只火鸡的时候，又有2只火鸡跑了出来。

他想，只要再进去1只就拉绳子，可是在他等待的时候，又有3只火鸡飞了出来，最后，箱子里1只火鸡也没剩。

生活中，不乏这样的人，他们如同故事中捉火鸡的人，本来有很好的想法和愿望，但到头来却空欢喜，竹篮打水一场空。因此，我们说有目标固然是好事，但有目标不等于拥有一切。世事多变化，当既定目标无法达成时，如果我们不能很好地根据时间、环境等因素的变化而做出相应的调整，一味地固守自己的目标，就会得不偿失。

詹姆斯的第一份工作是葡萄酒推销员，因为他不知道自己还能干什么，于是他认为自己的目标就是"卖葡萄酒"。起初他是为一个卖葡萄酒的朋友干活，接着为一名葡萄酒进口商工作，最后同另外两个人合作办起了自己的进口业务。生意越来越糟，直到公司倒闭。他仍不改行，因为他不知道自己还能干什么。

事业失败的他不得不去参加社会上所谓的"创业"培训。他的同学有网络专家、艺术家、汽车修理工等，他逐渐认识到这些人并不认为他是个"卖葡萄酒的"，反而认为他是个有才能的人，甚至叫他"多面手"。他们对他的看法使他放弃了原来的目标。他开始醒悟过来，仔细分析、探索其他行业，思索自己到底能干什么。最后，他选择了和爱人一起开展房地产业务，这使他取得了"推销葡萄酒"永远不能为他带来的成功。

通常，人们确立自己的目标，不过是根据当时当地的现实环境与自身某些主观愿望及其他相关条件而设定的。但随着时间的推移，现实环境的变化，自身思想感情的变化，人生阅历的增加以及其他条件的改变，目标有所调整便是自然的事了。如果过于僵化，一味地前进，而不根据条件的变化做出相应的调整，很可能会阻碍自己走向成功。所以，方向错了，努力不如不努力，努力只能使自己陷得更深，不如及时调整方向，悬崖勒马，从头再来。

在树立了明确的目标后，还必须要想一想这个目标是否切实可行。许多人都有一种对自己要求过高的习惯，他们总是想做到最好，有时这显然是不可能的。例如，你有一个强烈的愿望，就是很想成为国际明星，然而具备的条件与要实现这一目标的差距很大。所以认识到这种现实是非常重要的，你要及时调整自己的目标。没有必要一条路跑到黑，更不应该固执己见，该放弃的要放弃，该坚持的要坚持，学会规划自己的目标才是成功的开始。

经过数年专心苦读，王明终于攻下计算机博士的学位，并为自己树立了一个远大的目标。毕业后，他踌躇满志地去一些公司应聘，结果却接连碰壁，许多家公司都将他拒之门外。这样高的学历，这样吃香的专业，为什么找不到一份工作呢？

万般无奈之下，王明决定调整自己的目标，从低做起。他收起了所有的学位证明，以一种最低身份再去求职。不久他就被一家电脑公司录用，做一名最基层的程序录入员。这是一份稍有学历的人都不愿去干的工作，而王明却干得兢兢业业，一丝不苟。没过多久，经理就发现了他的出众才华：他居然能看出程序中的错误，这绝非一般录入人员所能比的。这时，王明亮出了自己的学士证书，经理于是给他调换了一个与本科毕业生对口的岗位。过了一段时间，经理发现他在新的岗位上游刃有余，还能提出不少有价值的建议，这比一般大学生高明。这时，王明又亮出自己的硕士身份，经理又提拔了他。

有了前两次的经验，经理也比较注意观察王明，发现他还是比硕士有水平，对专业知识的广度与深度都非常人可比，就再次找他谈话。这时，王明拿出博士学位证明，并陈述了自己这样做的原因。此时，经理才恍然大悟，毫不犹豫地重用了他，因为对他的学识、能力及敬业精神早已全面了解了。

从上面这个故事中可以看到，每个人的职业规划不可能一步到位，要根据现实情况以及现有的机遇不断调整自己的人生目标，最终向自己的理想靠近。

唐代大诗人李白说："天生我材必有用，千金散尽还复来。"只要及时调整方向，与时俱进，就会一直向前。人生就像驾车前行，走不同的路就要选择不同的方向，绝不能一条道走到黑，遇到泥泞的路段时，该倒车还得倒车，该回头还得回头。

我们每个人都渴望成功，但目标和现实之间总是要有一段距离。在走向目标的途中，应该根据自身的实际情况和外界条件的变化来调整自己的目标。及时调整自己的目标，并不是背叛了自己追求成功的初衷，而是为了更好地成功。如果发现你的目标不合实际，就及时调整吧！

制订切实可行的计划，达成目标

目标确立之后，还需要制订一个切实可行的计划，然后再付诸行动，目标才能实现。

从实践看，树立目标总离不开三个步骤：第一个步骤是确定自己的目标，第二个步骤是制订实现目标的计划，第三个步骤是做出时间安排，确保计划的实现。

每一个人都应该树立自己的目标，为了实现人生目的，我们必须有计划地度过每一天。所以，有了人生目标之后还要学会计划，因为目标需要计划来实现。正所谓有人在计划成功，有人在计划失败，就是这个道理。

有个名叫约翰·戈达德的美国人，当他15岁的时候，就把自己一生要做的事情列了一份清单，被称作"生命清单"。在这份排列有序的清单中，他给自己列了要攻克的127个具体目标。比如，探索尼罗河、攀登喜马拉雅山、读完莎士比亚的著作、写一本书等。在44年后，他以超人的毅力和非凡的勇气，在与命运的艰苦抗争中，终于按计划，一步一步地实现了106个目标，成为一名卓有成就的电影制片人、作家和演说家。

计划与成功是分不开的，有了计划就有了目标，就有了前进的方向，才有可能迈向成功的彼岸。成功的人善于规划他们的人生，他们知道自己要达到哪些目标，拟定好优先顺序，并且拟订一个详细的计划，按计划行事。

其实，每一个人的成功都是他实现自己的人生目标（包括小目标或大目标、短期目标或长期目标）的过程。要知道，无论多么远大的理想，也是由一个个小目标组成的。就像打仗一样，不管你的战略构想有多么宏大，都要先去计划好一城一地的得失。每个人在为理想奋斗的过程中要实现目标，就必须制订具体的计划。

1911年，有两支雄心勃勃的探险队，他们要完成一项艰巨而伟大的任务，那就是踏上南极，成为登上南极的第一批人！

一支探险队的领队是挪威籍的探险家阿尔德·阿曼森。队伍出发前，阿曼森仔细研究了南极的地质、地貌、气象等问题，还细致地研究了爱斯基摩人以及极地旅行者的生存经验。然后，制订出一个最佳的行动策略：使用狗拉雪橇运送一切装备与食物，为了与之相匹配，在队员选择上，他们将滑雪专家和驯狗师吸纳进队伍。

为完成到达南极这一伟大目标，阿曼森将目标分解为一个个小目标：每天只用六小时前进24~32公里，大部分工作皆由狗来完成。这样人与狗都有足够休息的时间，以迎接第二天新的旅程。

为了顺利实现目标，领队阿曼森事先沿着旅程的路线，选定合适的地方储存大量补给品，这些预备工作将减轻队伍的负荷。同时，他还为每个队员提供了最完善的配备。阿曼森对旅途中可能发生的每一种状况或问题进行分析，依此设计好周全的计划与预备方案。

这些有备无患的措施，使他们在向南极行进的过程中，即使遇到了问题也能很顺利地解决。最终，他们成功地实现了自己的夙愿，使挪威的国旗第一个插在了南极。

几乎是同期进发的另一支探险队是由英国籍的罗伯特·史考特所率领。这支队伍采取了与阿曼森截然不同的做法：他们不用狗拉雪橇，而采用机械动力的雪橇及马匹。结果，旅程开始不到五天，马达就无法发动，马匹也维持不下去了。当他们勉强前进到南极山区时，马匹被统统杀掉。所有探险队员只好背负起近百公斤重的雪橇，艰难地行进。

在队员的装备上，史考特也考虑不周，队员的衣服设计不够暖和，每人都长了冻疮。每天早上队员们都要花费近一小时的工夫，将肿胀溃烂的脚塞进长筒靴中。太阳镜品质太差，每个队员的眼睛都被雪的反射而刺伤。更糟的是，粮食及饮水也不足，每个队员在整个行程中几乎处于半饥饿状态。史考特的储备站之间相距甚远，物品储备不足，标示不清楚，使他们每次都要花费大量的时间去寻找。更要命的是，原计划四个人的队伍，史考特临出发时又增添了一人，使粮食供应更加不足了。

这支探险队在饥饿、寒冷、疲惫，甚至绝望中，花费了十个星期走完了1280公里的艰辛旅程，精疲力竭地抵达了南极。当他们到达南极时，挪威的国旗早于一个多月前便在此飘扬了。更惨的是，所有队员在顶着寒风和忍着饥饿的回程中，不是病死了，冻死了，就是被暴风雪卷走了。这支探险队最终全军覆没了。

好的规划是成功的开始。只有事前拟订好行动计划，梳理通畅做事的步骤，做起事来才会应付自如。

没有计划的目标是空中楼阁，一个人必须以目标为中心，制订自己的"个人成功计划"。计划是解决问题的方针和策略。只有行动方针确定了，才能采取行动。这种行动方针是经过思考的，而不是那种一时冲动想到的。做事之前有计划是为了寻找合适的方案。本能冲动型的人总是只想到一种行动，只考虑解决面上的问题，对后续行动和影响却不考虑。仔细考虑对策后，就有可能既把问题解决，又避免出现副作用。这样才能使问题得到圆满的解决。

中国古代有句俗话，叫"磨刀不误砍柴工"。先把刀磨快了，看起来耽误了工夫，但是在砍的时候由于刀口锋利，效率高，反而节省了时间。也像出门开车，事先把地图看好了，顺着标志一路开去，就可以不绕弯路，节省时间。如果慌忙上路，看起来节省了看地图的时间，但是一旦走错了路，可能就会浪费比看地图长很多倍的时间。因此，无论做什么事情，事先都要有周密的计划、明确的目标，这样才能把事情办好。

发挥优势，根据自身特点选择正确目标

法国著名博物学者法布尔，曾经用一种"前进毛虫"做实验。顾名思义，这种毛虫只会跟着前面的毛虫往前走。法布尔小心地让毛虫绕着花盆围成一圈，花盆里放了它们最爱吃的松针。毛虫沿着花盆不停地打转，转了七天七夜，终于因为疲倦和饥饿而死。虽然食物近在咫尺，但是因为它们没有自己的目标，只知道跟着前面的虫走，终致饿死。

很多人会犯同样的错误，他们只会盲目地跟着别人兜圈子，而没有自己的目标与方向，因而经常与机遇擦身而过，结果一辈子一事无成。很简单，如果你不知道自己的前进方向，是很难达到目的的；而如果方向是错误的，那么结果更将会背道而驰。

选择方向，实际上也就是选择前进的道路。条条大路通罗马，个个行业皆可成功。但人生有限，条件有别，我们只有选择既适合自己又适应社会的前进道路，才有可能达到成功的目标。如果哪个行业热门就往哪个行业挤，哪个领域红火就往哪个领域跑，那是注定要失败的。

马克·吐温作为职业作家和演说家，可谓名扬四海，他取得了极大的成功。你也许不知道，马克·吐温在试图成为一名商人时却栽了跟头，吃尽苦头。

马克·吐温投资开发打字机，最后赔掉了五万美元，一无所获；马克·吐温看见出版商因为发行他的作品赚了大钱，心里很不服气，也想发这笔财，于是他开办了一家出版公司。然而，经商与写作毕竟风马牛不相及，马克·吐温很快陷入了困境，这次短暂的商业经历以出版公司破产倒闭而告终，作家本人也陷入了债务危机。

经过两次打击，马克·吐温终于认识到自己毫无商业才能，于是断了经商的念头，开始在全国巡回演说。这回，风趣幽默、才思敏捷的马克·吐温完全没有了在商场中的狼狈，重新找回了自我。最终，马克·吐温靠工作与演讲还清了所有债务。

可见，人生成功的诀窍在于经营自己的长处，找到发挥自己优势的最佳位置。现实生活中，每个人对自己的人生道路，对自己的优势都应该进行一番设计，保持理性的头脑，真正认清方向，加以精心培养，就可以少走弯路，事半功倍，早日成功。在人生的路上，只要那些善于发掘和利用自己优点的人，才有可能成为成功人士。

嘉芙莲女士原是美国俄亥俄州的一名电话接线员，天赋加上长期的职业锻炼，她的伶俐口齿、柔和动听的声音以及热诚态度使她在当地很有"口碑"，受到用户的普遍赞赏。嘉芙莲是个胸怀创业大志的人，她不想一辈子就当一个普普通通的电话接线员，她要当老板，要开创自己的事业。她知道商场如战场，任何不着边际的空想都只是水中月，一定要从自己的实际情况出发，寻找自己所长与社会所需的结合点，从这里起步干出自己的一番事业。从这种观念出发，她回头审视自己的生活，主意就来了：利用自己的天赋条件成立一家电话道歉公司，专门代人道歉。后来的事情可想而知，嘉芙莲女士不但拥有了自己的公司，而且还成为商业界的一位成功人士。

从嘉芙莲女士的成功中我们不难发现，善用自己的长处是多么明智的选择。一个人如果不能保持理性，站错了位置，用他的短处而不是长处来谋生的话，那是非常不明智的，他可能会在卑微和失意中沉沦。

爱默生曾说过："什么是野草？就是一种还没有发现其价值的植物。"所以，世界上根本不存在垃圾，所谓垃圾，就是放错了地方的宝贝。我们每个人都有自己天生的优势，也有自己天生的劣势。关键是看我们是否能够保持理性，善于发现自己的优势并有效地经营自己的优势。

多年以前，一个年轻的退伍军人来找戴尔·卡耐基，他想要找一份工作，但是他觉得很茫然也很沮丧：只希望能养活自己，并且找到一个栖身之处就够了。

他黯然的眼神告诉卡耐基，哀莫大于心死。这个年轻人大有前途，却胸无大志。而卡耐基非常清楚，是否能够赚取财富，都在他的一念之间。

于是卡耐基问他："你想不想成为千万富翁？赚大钱轻而易举，你为什么只求卑微地过日子？"

"不要开玩笑了，"他回答，"我肚子饿，需要一份工作。"

"我不是在开玩笑，"卡耐基说，"我非常认真。你只要运用现有的资产，就能够赚到几百万元。"

"资产？什么意思？"他问，"我除了穿在身上的衣服之外，什么都没有。"

从谈话之中，卡耐基逐渐了解到，这个年轻人在从军之前，曾经是一家公司的业务员，在军中他学得一手好厨艺。换句话说，除了健康的身体、积极的进取心，他所拥有的资产，还包括烹调的手艺及销售的技能。

当然，推销或烹饪无法使一个人晋身百万富翁，但是这个退役军人找到自己的方向，许多机会就会呈现在眼前。

卡耐基和他谈了两个小时，看到他从绝望的深渊中走出，变成积极的思考者。一个灵感鼓舞了他："你为什么不运用销售的技巧，说服家庭主妇，邀请邻居来家里吃便饭，然后把烹调的器具卖给他们？"

卡耐基借给他足够的钱，买一些像样的衣服及第一套烹调器具，然后放手让他去做。第一个星期，他卖出铝制的烹调器具，赚了100美元。第二个星期他的收入加倍。然后他开始训练业务员，帮他销售同样式的成套烹调器具。四年之后，他每年的收入超过100万美元，并且自行设厂生产。

年轻的退伍军人之所以取得了成功，关键在于他对自己有一个理性的定位，找到了自己的优势，并将其恰如其分地运用到工作之中。如果我们也能准确地发现并发挥自身的优势，经营自己的长处，用积极向上的心态对待人生规划，那我们也一定会把理想的风帆扬向成功的彼岸。

经营自己的长处能使你的人生增值，经营自己的短处会使你的人生贬值。在选择人生努力的方向时，只要你确定了最能使你的品格和长处得到充分发挥的目标，就要锲而不舍地走下去，这样才能获得成功。

分解目标，成功唾手可得

人生的目标并非能够一步实现，而是一个不断积累的过程。为了实现自己的人生目标，我们应该为自己设定阶段性的具体目标。一些大目标看似难以实现，但是如果你把它分解成无数个小目标，就会让自己每时每刻都看到希望的曙光，心中始终饱含着对成功的渴望。如果每一个阶段目标都有了实现的可能，那么成功离我们也就不再那么遥远了。

舒乐是美国的一位博士，立志要在加州建造一座水晶大教堂，预算造价是700万美元。但舒乐博士身无分文，这笔巨款只能靠募捐。要一下子募集到一笔700万美元的捐款确实很困难，舒乐博士就改成募集7笔100万美元的捐款，但还是不能得到。后来他就又改成募集14笔50万美元的捐款，又改成募集28笔25万美元的捐款，又改成募集70笔10万美元的捐款，又改成募集100笔7万美元的捐款，又改成募集140笔5万美元的捐款，又改成募集280笔2.5万美元的捐款，最后改成募集700笔1万美元的捐款。

就这样一步一步地，舒乐博士把700万美元一次又一次地分解成更小的目标，最终分解成1万美元。每次募集1万美元，比起一下子募集到700万美元容易多了。就这样，舒乐博士从1万美元开始，一点一点地筹集，历时12年，最终募集到了两千多万美元，建成了可容纳一万多人的水晶大教堂。如今，这座水晶大教堂也因此成为世界建筑史上的一个奇迹，吸引了世界各地的人前来游览。

事实证明，没有目标的人注定不能成功，但如果目标过大，你应学会把大目标分解成若干个具体的小目标。否则，很长一段时间达不到目标，你可能会觉得非常疲惫，继而容易产生懈怠心理，甚至可能会使你认为没有成功的希望而放弃你的追求。如果把大目标分解成具体的小目标，分阶段地逐一实现，你就可以尝到成功的喜悦，继而产生更大的动力去实现下一阶段的目标，分阶段的成功加起来就是最后的成大事者。

一位复印店的老板有一次给一位求职者复印资料，因为不是很忙，老板便搭讪了一句话："怎么样？"求职者笑着说："还可以吧，下午要去一家公司应聘。""做什么的？"他笑而不语。趁他掏钱的空隙，这位老板扫了一眼他的简历，哇，是副总经理，老板抬头定睛一看，年龄跟自己差不多。"不简单。"他又笑一下，"这没什么，在工厂里待了六年，大多数职位都干过，有过半年的总经理特别助理经验。"

这时，这位老板已经把他的简历看完，真的不简单，做过人事行政主管、财务主管、生产主管，离职前是一家拥有2000多人的港资企业的总经理特别助理。这位老板说："你真不简单，五六年工夫就干了三四个主管职位，是不是有很高的学历和留洋背景？""我的学历不高，只是一名普通的本科生。""你的目标为什么能实现得这么快呢？"老板脱口而出。"其实，这也没什么，我只是在分阶段实现目标而已，把目标具体细化。"

　　原来，他一直渴望做一名成功的高级白领。刚开始找工作时，也曾豪情万丈地去应聘高级职位，可是由于没经验，他面试了几家公司都遭拒绝。慢慢地，他改变了看法：任何宏伟的目标都是由一个个小的具体目标组合成的，先把小目标一个个攻破，大目标也就自然实现了。他说："这几年来我一直在做实质性的工作，学的是财务，便先做统计工作。由于认真细心，深受老板信任，便调去搞财务，一步一步地干到财务主管。做财务主管时，时间相对宽裕一些，又去向人事主管拜师，慢慢地人事这块又弄熟了。在做人事主管时，与车间打交道多了，对生产管理知识和工艺流程格外留心，特别是学会了运用财务专业知识分析成本、控制品质。于是，又顺利当上了生产主管。如今，人事、财务、生产这三大块我都比较熟悉，做个副总经理应该没问题，将来有了资金，就自己做老板。"

　　看来，当这位求职者一点点地去实现小目标时，大目标就不远了。

　　成功不会一蹴而成，它是由一个个并不起眼的小目标的实现积累起来的。在日常生活和工作中，我们都会有自己的目标，达到目标的关键在于把目标细化、具体化。

　　世界著名的大企业家，摩托车大王本田宗一郎，有一次与电器业大王松下幸之助会面，本田对松下说了一番颇有教益的话。他说："我先有一个小目标，向它挑战，把它解决之后，再集中全力向更大一点的目标挑战。把它完全征服之后，再进一步建立更大的目标，然后再向它展开激烈的攻击。苦苦搏斗数十年，这样辛辛苦苦从山脚一步一步坚实而稳定地攀登，不知何时，我就成为全世界的摩托车大王了。"事实证明，大目标的实现是一个渐进的过程，必须脚踏实地一步步前进，急于求成是不行的；一环套一环地前进，前一段是后一段的基础，必须依次做好每一段的事。分段实现大目标不仅有利于避免急于求成的心理，也有助于消除倦怠心理，增强克服困难、战胜挫折的勇气和信心。因此，我们在制定自己的奋斗目标时，不要光着眼于最终目标，还要考虑到它的长期性、艰巨性，并把它分解为若干个阶段性目标然后依次完成，直至最终实现大目标。因此，我们一定要养成分解目标的好习惯，让自己在获得成功的同时，也更轻松、更快乐。

　　1984年，在东京国际马拉松邀请赛中，名不见经传的日本选手山田本一出人意外地夺得了世界冠军。当记者问他凭什么取得如此惊人的成绩时，他说了这么一句话：凭智慧战胜对手。

　　当时许多人都认为这个偶然跑到前面的矮个子选手是在故弄玄虚。马拉松赛是体力和耐力相结合的运动，只有身体素质好又有耐性的人才有望夺冠，爆发力和速度都还在其次，说用智慧取胜确实有点勉强。

　　两年后，意大利国际马拉松邀请赛在意大利北部城市米兰举行，山田本一代表日本参加比赛。这一次，他又获得了世界冠军。记者又请他谈谈经验。

　　山田本一性情木讷，不善言谈，回答的仍是上次那句话：用智慧战胜对手。这回记者在报纸上没再挖苦他，但对他所谓的智慧迷惑不解。

　　十年后，这个谜终于被解开了，他在他的自传中是这么说的："每次比赛之前，我都要乘车把比赛的线路仔细地看一遍，并把沿途比较醒目的标志画下来，比如第一个标志是银行，第二个标志是一棵大树，第三个标志是一座红房子……这样一直画到赛程的终点。比赛开始后，我就以百米的速度奋力地向第一个目标冲去，等到达第一个目标后，我又以同样的速度向第二个目标冲去。40多公里的赛程，就被我分解成这么几个小目标轻松地跑完了。起初，我并不懂这样的道理，我把我的目标定在40多公里外终点线上的那面旗帜上，结果我跑到十几公里时就疲惫不堪了，我被前面那段遥远的路程给吓倒了。"

由此可见，学会把目标分解开来，化整为零，变成一个个容易实现的小目标，然后将其各个击破，不失为一个实现终极目标的有效方法。很多时候，我们之所以感到困难不可逾越，成功无法企及，正是因为觉得目标离自己太过遥远。由看不到希望而产生的畏惧感，常常成为成功路上的一道难以跨越的屏障。所以，你不妨把一个大目标分成许多小目标，按照实施的步骤排列起来依次完成，这样可以做得更快更好。

执着于目标，才会成功

制定目标是很容易的，但难的在于坚持。不管你做什么事情，如果已经定下了目标，就要持之以恒，坚持到底。

这是一个发生在古希腊的故事：

为了宣扬哲学思想和理论，大哲学家苏格拉底开设了一所学校。在第一次上课时，他对学生说："今天咱们只学一件最简单也最容易做的事。每人把胳膊尽量往前甩。"说着，苏格拉底示范了一遍，并问道："从今天开始，每天做300下，大家能做到吗？"学生们都笑了，这么简单的事，有什么做不到的！过了一个月，苏格拉底问学生们："到目前为止，有哪些同学坚持每天甩300下了？"有百分之九十的同学骄傲地举起了手。又过了一个月，苏格拉底又问，这回，坚持下来的学生只剩下百分之八十。一年以后，苏格拉底再一次问学生："请告诉我，最简单的甩手运动，还有哪几位同学坚持了？"这时，整个教室里，只有一人举起了手。他就是后来成为古希腊另一位大哲学家的柏拉图。柏拉图的成功就在于他做到了别人没有做到的事——坚持。谁坚持了，谁就成为成功者；谁半途放弃，谁就以失败而告终。

这个故事告诉我们，确立了目标后，还需要坚持不懈的毅力和持之以恒的精神才能获得最终的胜利。

在实现目标的过程中，不管多么坎坷艰难，只要不断努力，就会等到自己想要的结果。任何一个拥有梦想的人，都会在历经苦难之后看到光明和希望。

坚持自己的目标，尽管前途漫长而曲折，但希望一直都在，尽管有时会失败，但输不等于零，是你离成功又近了一步，尽管有时力不从心，但若放弃，成功就会舍你而去。坚守自己的目标，最终你才有摘得属于自己桂冠的可能。

王林是北京一家保险公司的推销员，他每天骑着一辆破自行车到处拉保险。不幸的是，成绩始终不佳。可是，王林毫不气馁，晚上即使再疲倦，他也要一一写邮件给白天访问过的客户，感谢他们接受自己的访问，力求将他们加入投保的行列，每一字每一句都写得诚恳感人。

可是，任凭他再努力、再劳累，也没有达到预期的效果。两个月过去了，他连一个顾客也没有拉到，上司催他也愈来愈紧……

劳累一天回来，他常常连饭也没心情吃，虽然娇妻温顺体贴，但一想到明天，他就全身直冒冷汗。

他愁眉苦脸地对妻子说："从前，我以为一个人只要有明确的目标，然后认真、努力地工作，就能做好任何事情。但是这一次，我错了。因为事实显然并不如此！我辛辛苦苦地跑了两个月，然而，却连一个客户也没有拉成。唉！保险工作，对我很不合适，不如换个地方找工作吧……"

妻子劝告他说："坚持下去，就有盼头。"王林听从了妻子的劝告。

王林曾想说服一家私企的老板，让他的员工全部投保。然而那位老板对此毫无兴趣，一次一次地拒王林于门外。当他在第69天再一次跑到这位老板公司的时候，这位老板终于被他的诚心所感动，同意全公司员工投保。

他成功了！选定目标坚持不懈，他后来成了著名的保险推销员。

在所有那些最终决定成功的品质中，"坚持"无疑是你最终实现目标的关键。许多成功的人发现他们最大的成功是经历最大的失败后跨过一步就得到的。因此当你快要接近目标时遇上了问题，千万不要放弃，你最大的成功很可能就在你全面失败的后面一步。

戴尔·卡耐基说过："要是一个人，能充满信心地朝他理想的方向去做，下定决心过他所想过的生活，他就一定会得到意外的成功。"所以，一旦确立了目标，我们就要有始无终，摒弃半途而废的习惯，否则不可能出色地完成任何任务。

有目标就应该坚持去实现它，不然它就没有存在的意义了。无论做什么事情，只要有了明确的目标，要么不做，要做就要有始有终，彻彻底底地去完成它。

有一个人，从确立了他的目标开始，他就时刻记得行动才是第一位的。这个人是美国海岸警卫队的一个厨师。空余时间，他代同事们写情书，写了一段时间以后，他觉得自己突然爱上了写作。他给自己订立了一个目标：用两到三年的时间写一本长篇小说。为了实现这个目标，他立刻行动起来。每天晚上，大家都去娱乐了，他却躲在屋子里不停地写。这样整整写了八年以后，他终于第一次在杂志上发表了自己的作品。尽管这只是个小小的豆腐块而已，稿酬也只不过是100美元。他从中看到了自己的潜能。从美国海岸警卫队退休以后，他仍然写个不停。稿费没有多少，欠款却越来越多了，有时候，他甚至连买一个面包的钱也没有。尽管如此，他仍然锲而不舍地写着。朋友们见他实在太贫穷了，就给他介绍了一份到政府部门工作的差事，可他却拒绝了。他说："我要做一个作家，我必须不停地写作。"又经过了几年的努力，他终于写出了预想的那本书。为了这本书，他花费了整整12年的时间，忍受了常人难以承受的艰难困苦。因为不停地写，他的手指已经变形，他的视力也下降了许多。后来，他成功了。小说出版后立刻引起了巨大轰动，仅在美国就发行了160万册精装本和370万册平装本。这部小说还被改编成电视连续剧，观众超过了一亿三千万，创电视剧收视率历史最高纪录。这位作家获得了普利策奖，收入一下子超过500万美元。这位作家的名字叫哈里，他的成名作就是我们今天经常读到的《根》。哈里说："取得成功的唯一途径就是'坚持到底'，努力工作，并且对自己的目标深信不疑。世上并没有什么神奇的魔法可以将你一举推上成功之巅，你必须有理想和信心，遇到艰难险阻必须设法克服它。"

仅仅有了可行的目标是不够的，还要坚持这个目标，并为之不断努力，不断奋斗，并且还要有持之以恒的决心和毅力。奇迹是由执着者创造的，认定目标，就要朝既定的目标前进，这样才会成功。

曾国藩曾说：获取成功第一要有志，第二要有识，第三要有恒。简而言之，就是说人应该有一个坚定的目标，然后持之以恒地走下去，这样才能获得成功。坚持自己目标不断前进的人，整个世界都会给他让路。

超级自控力

—— 如何进行有效的自我管理

第六章　控制好自己的言行，
突破交往的障碍

留口德，切勿在他人面前揭人短处

俗话说："打人不打脸，揭人不揭短。"在人际交往中，如果你想与他人友好相处，就要尽量体谅他人，维护他人的尊严，避开言语"雷区"，千万不要戳人痛处。

被人揭短是一件令人烦恼的事情，它意味着人的尊严受到侵犯，人格遭受欺辱，感情受到伤害。如果不小心言及别人的痛处，好心会办成坏事，引起别人的反感。

某茶馆老板的妻子结婚两个月，就生了一个小孩，邻居们赶来祝贺。老板的一个要好的朋友吉米也来了。他拿来了自己的礼物——纸和铅笔，老板谢过了他，并且问：

"尊敬的吉米先生，给这么小的孩子赠送纸和笔，不太早了吗？"

"不，"吉米说，"您的小孩儿太性急，本该九个月后才出生，可他偏偏两个月就出生了，再过五个月，他肯定会去上学，所以我才给他准备了纸和笔。"

吉米的话刚说完，全场哄然大笑，茶馆老板夫妇无言以对。

调侃他人的隐私是不对的，上例中吉米明显道出了茶馆老板妻子未婚先孕的隐私，这样令大家都处于尴尬的局面。

每个人都有自己的秘密，都有一些压在心里不愿为人知的事情。在与人闲聊调侃中，哪怕感情再好，也不要去揭别人的短，不要把别人的隐私公布于众，更不能拿来当作笑料。如果不分场合、对象、环境和谈话内容，毫无选择、毫无顾忌地说别人的隐私或追问别人的隐私，是很不理智的行为，同时也会造成别人的反感。

日常交往中，"揭短"有时是故意的，那是互相敌视的双方用来作为攻击对方的武器；"揭短"有时又是无意的，那是因为某种原因一不小心犯了对方的忌讳。有心也好，无意也罢，在待人处世中揭人之短都会伤害对方的自尊，轻则影响双方的感情，重则导致合作的破裂，产生负面影响。

明太祖朱元璋出身贫寒，做了皇帝后有不少昔日的穷哥们儿到京城找他。这些人以为朱元璋会念在昔日共同受罪的情分上，给他们封个一官半职，谁知朱元璋最忌讳别人揭他的老底，以为那样会有损自己的威信，因此对来访者大都拒而不见。

有位朱元璋儿时一块儿光屁股长大的好友，千里迢迢从老家凤阳赶到南京，几经周折总算进了皇宫。一见面，这位老兄便当着文武百官大叫大嚷起来："哎呀，朱老四，你当了皇帝可真威风呀！还认得我吗？当年咱俩可是一块儿光着屁股玩耍，你干了坏事总是让我替你挨打。记得有一次咱俩一块偷豆子吃，背着大人用破瓦罐煮，豆还没煮熟你就先抢起来，结果把瓦罐都打烂了，豆子撒了一地。你吃得太急，豆子卡在嗓子眼儿还是我帮你弄出来的。怎么，不记得啦！"

这位老兄还在那喋喋不休唠叨个没完，宝座上的朱元璋再也坐不住了，心想此人太不知趣，居然当着文武百官的面揭我的短处，让我这个当皇帝的脸往哪儿搁。盛怒之下，朱元璋下令把这个穷哥们儿杀了。这就是戳人痛处的下场。

常言道："人活脸，树活皮。"从心理学的角度讲，人人都有自尊心，维护自尊是人的天性。无论一个人的出身、地位、权势、风度多么傲人，也都有别人不能言及、不能冒犯的角落，这个角落就是人的"雷区"。要想与他人友好相处，就要尽量体谅他人，维护他人的尊严，避开言语"雷区"，千万不要戳人痛处！

有句俗语说得好，"矮子面前莫说短话"，别人有生理上的缺陷，或者家庭不幸，或者自己在为人办事方面有短处，心里已经够痛苦的了，不能再雪上加霜了。碰上这些情况都应加以避讳，绝不要"哪壶不开提哪壶"，不然伤害了别人不说，别人也不会轻易放过你的，到头来只能是两败俱伤而已。

公元前592年，晋国大夫郤克在访问鲁国之后，又与鲁国的大夫季孙行父一起去齐国拜访。两人到达齐国领域后，又与卫国的使臣孙良夫、曹国的使臣公子首不期而遇。所以四位使臣结伴而行，一起到达了齐国的国都临淄。

非常凑巧的是，这四位使臣生理上都有一些缺陷：晋国的郤克只有一只眼睛，鲁国的季孙行父头上没长头发，卫国的孙良夫一条腿有残疾，曹国的公子先天驼背。齐顷公在接见了他们四位之后，回到后宫把这四个人的外貌对他母亲萧太后叙述了一番。萧太后好奇心特别重，非要去看一看不可。而齐顷公为了博得其母的欢心，准备对这四位使臣戏弄一番。他让人从城内找来一个独眼人，一个秃子，一个瘸人，一个罗锅，分别对号入座为四位来宾驭车，定于第二天到花园做客。上卿国佐谏曰：国家之间的外交不是儿戏，人家朝聘修好而来，我们应该以礼相待，千万不要嘲笑人家。可是齐顷公认为自己国大兵多，别的国家对其无可奈何，遂不听劝告。第二天，当四位使臣在四位齐国仆人的陪同下，经过萧太后居住的楼台之下时，萧太后与宫女们启帷观望，禁不住哈哈大笑。使臣起初见给他驾车的人也是一只眼睛，以为是偶然巧合，没有在意，等听到嘲笑声后才恍然大悟，原来齐顷公在戏弄他们。

他草草饮了几杯之后，便同三国使臣回到馆舍。当他知道台上嬉笑的是国母后，不由得火冒三丈。其他三位使臣也愤愤地说，我们好意来访，齐顷公竟把我们当笑料供妇人们开心，真是可恨至极！于是四国使臣歃血为盟，对天起誓，决心协力同心，伐齐报仇。第二年，齐国借口鲁国归附晋国，出兵伐鲁，并顺手牵羊，在卫国边境地区捞了一把。晋国为了保住霸主的地位，来了个新账旧账一起算，汇集四国军队大举伐齐，直打到临淄城下，直到齐国签订了盟约为止。

因"戏客"而引起了战乱，甚至差一点遭到亡国之祸，教训很深刻，也非常发人深省。

与我们常说的 "胖子面前不提肥" "东施面前不言丑"一样，对让人失意之事应尽量地避而不谈。人人都有各自不同的成长经历，都有自己的缺陷、弱点，也许是生理上的，也许是隐藏在内心深处不堪回首的经历，这些都是人们不愿提及的"疮疤"，是他们在社交场合极力隐藏和回避的问题。被击中痛处，对任何人来说，都不是一件令人愉快的事。尤其是他人身上的缺陷，千万不能用侮辱性的言语加以攻击。无论是什么人，只要你触及了这块伤疤，他都会采取一定的方法进行反击。他们都想获取一种心理上的平衡。所以说，我们要极力避免说别人的短处，否则不仅会使别人的尊严受到损害，而且还表现出你品德的低下。

中国有句俗话："病从口入，祸从口出。"许多是非往往是由我们多嘴多舌造成的。翻人家的污点，触及人家的短处，不管是有意还是无意，对己对人都是不利的，我们在交际时应该多注意，不揭别人的短处。

要么不说，要说就说在点子上

在人际交往中，你是否会有这样的感觉，当你和一个人说话时，你总是会觉得对方没有在听你说话？这可能证明你说话没有说到点子上。只有把话说到关键处，说到位，对方才会感受到你说话的分量，才会对你所说的话有所反应和关注。

讲短话讲到点子上，不是一件容易的事。因为把一项任务、一件事情、一个问题用最简洁、最精练的话说出来，没有严密的逻辑、清晰的思路，是难以做到的。

说话说到点子上，就是要言简意赅。即主题突出、准确、透彻、明了，"一针见血""一语中的"。要达到什么目的，说明什么问题，表扬或批评什么人和事，表达什么样的感情，要求别人做什么、不做什么，都要讲得清清楚楚、明明白白，不能让听众听了如坠入云雾中，丈二和尚摸不着头脑。

1863年11月19日，美国总统林肯应邀到会演讲。不过，因为这次仪式的主讲人是艾弗雷特，林肯只是因为自己是总统才被邀请。所以，他被排在艾弗雷特之后，"随便讲几句适当的话"。艾弗雷特是个著名的政治家，也是一个很有学问的教授，而且当时被公认为全美最会演说的人，尤其擅长纪念仪式上的演讲。因此，在这个典礼上，他那长达两个小时的演讲打动了到场的每一位来宾。

那么，在这样一种情况下，林肯该怎样讲才能和观众建立良好的互动关系，最终赢得大家的掌声呢？于是，林肯决定以简洁合理取胜。结果林肯大获成功，他的演讲只有短短的十句话，从上台到走下台来也不过两分钟，可掌声却整整持续了十分钟。

林肯的这场演讲不仅调动了每一名听众的热情，而且还轰动了整个美国，当时的报纸评论说："这篇短小精悍的演说是无价之宝，感情深厚，思想集中，措辞精练，字字句句都很朴实、优雅，行文完全无疵，完全出乎人们的意料。"

艾弗雷特也在第二天写信给林肯，他在信中说道："我用了两个小时才接触到了你所诠释的那个思想，而你仅仅用了两分钟就说得清清楚楚。"后来，林肯这篇出色的演讲词被铸成金文存入牛津大学图书馆。

林肯的这次演讲获得巨大的成功，给了人们的一个重要启示：简洁明快的语言会使我们说的话更有魅力。

美国总统哈里·杜鲁门一生中最推崇简洁的语言，他曾说过："一个字能说明问题就别用两个字。"所以，最会说话的人不是口若悬河、滔滔不绝的雄辩之士，而是那些善于把话说到"点子"上的人。这样的人才是真正懂得语言技巧的人，他们懂得用最简单的语言把意思表达到位，懂得在最短的时间内把话说到点子上。

不言则已，言必有中。简洁能使人愉快，使人喜欢，使人易于接受。说话冗长累赘，会使人茫然，使人厌烦，而你也不会达到目的。简洁明了的语言，一定会使你事半功倍。所以，我们在说话的时候，要追求的是用最凝练的话语来表达尽可能丰富的意思。

某大学的一个学生会主席在周一学校大会上讲话，他使用了让人感觉非常亲切的语汇"咱们"，他拥有抑扬顿挫的语调，他还使用了排比句，他说："咱们要做有思想的一代新人，咱们要做有爱心的一代新人……学习是其乐无穷的，咱们要趁着青春年少多学知识，以后……咱们都是具有高度文明的人，应该要学会基本的做人礼仪……咱们……咱们……"

因为这些话基本上都是废话、空话、套话，以至于下面的学生根本就没有去听，可是他抑扬顿挫的声音却使"咱们"两个字格外明显，于是有同学就开始在下面数数，他说一个，就计一个，到后来，只要这个团支部书记说一声"咱们"，下面就会引起一阵轰动。开始，这个学生会主席还充满激情，但是逐渐地，他就发现情形不对，只得草草收场。

这就是因为语言不精练不实用造成气场减弱的败笔，没有谁喜欢听一堆废话，即使你是领导，也不会有人买你的账。

事实上，说话的关键并不在于你用多么高深的长篇大论使对方崇拜自己，而在于你将要告知的信息准确地传递到对方心中，即便语言朴实无华，只要你观点论述正确，表述有条不紊，那么你的谈话便能直通对方心中。

有句话说得好："吹笛要按到眼儿上，敲鼓要敲到点儿上。"会说话的人，往往会给听者提供大量的思想火花。就像很多时候，话并不在于字的多少，而在于准确度与精确度如何。如果你能句句说到点子上，句句说到人心坎里，那么你的语言自然就会出彩。

在剑桥大学的一次毕业典礼上，整个大礼堂里坐着上万名学生，他们在等待伟人丘吉尔的到来。在随从的陪同下，丘吉尔准时到达，并慢慢地走入会场，走向讲台。

　　站在讲台上，丘吉尔脱下他的大衣递给随从，接着摘下帽子，默默地注视着台下的观众。一分钟后，丘吉尔才缓缓地说出了一句话："Never Give Up!"（"永不放弃！"）

　　说完这句话，丘吉尔穿上大衣，戴上帽子，离开了会场。整个会场鸦雀无声，顷刻间掌声雷动。

　　这是丘吉尔一生中的最后一次演讲，也是最精彩的一次演讲。他仅仅用了几个字，就将自己要演讲的内容说了出来。语言贵精不贵多，丘吉尔就是用简洁的语言达到了这个目的。

　　其实，真正打动人心的语言往往不是长篇大论，而是那些简洁有力的话语。所以，人们在谈话时应遵循简洁的原则，甚至要"惜字如金"。

　　古语云："言不在多，达意则灵。"语言是传递信息和交流思想的工具，思想工作的技巧和表现手法主要体现在语言的运用上。要语不繁，字字珠玑，简练有力，能使人不减兴味；冗词赘语，絮絮唠叨，必令人生厌。因此，和别人交谈，说服别人时，要"筛选""过滤"出最精辟的、恰如其分地表情达意的语句，尽可能以简洁的语言表达出深刻的内涵。这样才可能更快、更准地说服别人，取得成功。

　　满嘴跑火车，词不达意，说得再多也无济于事，反倒让人生厌。话不在多而在精，一个会说话的人，往往语言精练，句句都说到别人心里；不会说话的人，总是语无伦次，话说不到点子上。

做一个好的听众，让对方畅所欲言

在人际交往中，人们常容易犯一个毛病，那就是喜欢自己侃侃而谈，完全不顾及别人的感受，这样会很容易让身边的人感觉你比较浮夸、过于自我。所以，我们应该自律一些，让自己把更多的时间用于倾听，多听取身边人的意见或者建议，给他们空间和时间，多去体会他们话语的意思。这样，你身边的朋友才会注意到你，才会对你有一个好印象。这是一种倾听的自律，它会让你更加智慧。

侧耳听智慧，专心求聪明。每个人都希望被别人了解、理解，所以，人们才有了说话的欲望以及表现自己的欲望。但是，凡事有度，如果话太多，只会让别人反感。我们应该做的是设身处地地为他人着想，站在对方的角度去思考问题，管好自己的嘴巴，该说的时候说，不该说的时候就认真地听，这样才能让身边人感到你对他们的尊重。

美国汽车推销之王乔·吉拉德曾有一次深刻的体验。一次，某位名人来买车，他推荐了一种最好的车型给客人。那人对车很满意，并掏出10000美元现钞，眼看就要成交了，对方却突然变卦而去。

乔·吉拉德为此事懊恼了一下午，百思不得其解。到了晚上11点他忍不住打电话给那人："您好！我是乔·吉拉德，今天下午我曾经向您介绍一部新车，眼看您就要买下，却突然走了。"

"喂，你知道现在是什么时候吗？"

"非常抱歉，我知道现在已经是晚上11点钟了，但是我检讨了一下午，实在想不出自己错在哪里了，因此特地打电话向您讨教。"

"真的吗？"

"肺腑之言。"

"很好！你用心在听我说话吗？"

"非常用心。"

"可是今天下午你根本没有用心听我说话。就在签字之前，我提到我的吉米即将进入密执安大学念医科，我还提到他的学科成绩、运动能力以及他将来的抱负，我以他为荣，但是你毫无反应。"

乔·吉拉德不记得对方曾说过这些事，因为他当时根本没有注意。乔·吉拉德认为已经谈妥那笔生意了，他无心听对方说什么。这件事让他领悟到"听"的重要性，让他认识到如果不能自始至终倾听对方的讲话，认同客户的心理感受，难免会失去自己的客户。

一个讲话者总希望他的听众听完他发表的意见，如果你对此漫不经心，或者毫不在乎，这就在一定程度上伤害了他的自尊心，他原来对你的好感也会顷刻化为乌有。如果你要在沟通中赢得他人的好感，那么你首先要做到的便是用心倾听。正如一位心理学家所说："以同情和理解的心情倾听别人的谈话，我认为这是维系人际关系、保持友谊的最有效的方法。"

英国一家大型汽车公司准备购买一大批汽车坐垫，为了获得这个大客户的青睐，全世界的汽车坐垫生产公司之间展开了激烈的角逐。最后，这家大型汽车公司挑选了其中的三家，准备进入最后一轮的审查。这三家生产汽车坐垫的公司都做好了样品，等待汽车公司高级员工的检验。为了给公司找到最好的汽车坐垫，汽车公司的高级员工想出了一个很好的办法：让三家公司的汽车坐垫生产商各自谈自己所生产的汽车坐垫的优缺点。

汤姆是第一家汽车坐垫公司的代表，当时他正患有咽喉炎。当汽车公司高级员工指定要描述自家产品的优点时，他一句话也没有说，只是拿出随身携带的笔，在纸上写出了这样一段话："尊敬的先生们，由于咽喉炎发作，我嗓子不能发出声音，因此，我将说话的权利交给在座的各位。请原谅。"

其他两家公司的代表都以为这家公司退出了竞争舞台，可谁知汽车公司总经理在看到这段话后，竟然主动提出替汤姆的这家汽车坐垫公司说。这个总经理陈列出了汤姆带来的样品，详细地描述了这些样品的优点，汽车公司总经理一直替汤姆说好话，而汤姆只是象征性地点点头或微微一笑。就在大家以为汤姆所在的公司没有任何希望的时候，意想不到的事情再次出现了，最后这家汽车公司选择了汤姆所代表的汽车坐垫生产公司，并立即与汤姆签订了价值高达几百万美金的汽车坐垫购买合同。后来，汤姆在回忆这件事情的时候说道："我之所以能获得汽车公司的青睐，一个最主要的原因是我把说话的权利交给了客户。如果我和其他厂家的代表一样，对自家产品侃侃而谈，那么我极有可能失去这次合作的机会。这次经历让我明白了一个道理：把说话权留给客户，才有可能获得成功。"

外国有句谚语："用十秒钟的时间讲，用十分钟的时间听。"倾听是人际交往中一项很重要的制胜法宝。一个在人群中滔滔不绝的人或许很容易得到大家的尊敬和钦佩，可一个懂得倾听并善于鼓励别人的人，能更容易得到他人的好感和信任。

卡耐基说："做个听众往往比做一个演讲者更重要。专心听他人讲话，是我们给予他的最大尊重、呵护和赞美。"每个人都认为自己的声音是最重要的、最动听的，并且每个人都有迫不及待地表达自己想法的愿望。在这种情况下，友善的倾听者自然会成为更受欢迎的人。所以，如果要别人喜欢你，原则是：首先做个好听众，并随时鼓励对方谈谈他自己的事。

基德是威廉见到的最受欢迎的人士之一。他总能受到邀请参加一些私人聚会。

一天晚上，威廉碰巧到一个朋友家参加一次小型社交活动。他发现基德和一个漂亮女孩坐在一个角落里。出于好奇，威廉远远地注意了一段时间。威廉发现那位年轻女士一直在说，而基德好像一句话也没说。他只是有时笑一笑，点一点头，仅此而已。几小时后，他们起身，谢过男女主人，走了。

第二天，威廉见到基德时禁不住问道：

"昨天晚上我看见你和最迷人的女孩在一起。她好像完全被你吸引住了，你怎么抓住她的注意力的？"

"很简单。"基德说，"有个朋友把她介绍给我认识后，我只对她说：'你的皮肤晒得真漂亮，在冬季也这么漂亮，是怎么做的？你去哪了？阿卡普尔科还是夏威夷？'"

"'夏威夷，'她说，'夏威夷永远都风景如画。'"

"'你能把一切都告诉我吗？'我说。"

"'当然。'她回答。我们就找了个安静的角落，接下去的两个小时她一直在谈夏威夷。

"今天早晨，那个女孩打电话给我，说她很喜欢我陪她。她说很想再见到我，因为我是最有意思的谈伴。但说实话，我整个晚上没说几句话。"

看出基德受欢迎的秘诀了吗？很简单，基德只是让那个女孩谈自己。他对每个人都这样——对他人说："请告诉我这一切。"这足以让一般人激动好几个小时。人们喜欢基德就因为他注意他们。

由此可见，专注认真地倾听别人谈话，向对方表示你的友善和兴趣，能使双方感情相通，增加相互的信任度。

人们都喜欢善于倾听的人，倾听是使人受欢迎的基本技巧。人们对被倾听的需要，远远大于倾听别人的需要。倾听是心与心的交流。只有善于倾听的人，才会赢得很多朋友。

保留他人面子，对方自然感激你

人们常说："人要脸，树要皮。"这句话说出了人性的一大特点：爱面子。可是我们不能只爱自己的面子，而不给他人面子。面子是一个人的尊严，很多人利益可以失去，但面子不能失去。面子问题是头等大事，因此，我们要学会为他人保留面子。

战国时期，各诸侯国互相征战，老百姓不得太平，如果再加上天灾，老百姓根本没法活。这一年，齐国大旱，一连三个月没下雨，田地干裂，庄稼全死了，穷人吃完了树叶吃树皮，吃完了草苗吃草根，眼看着一个个都要被饿死了。可是富人家里的粮仓堆得满满的，他们照旧吃香的喝辣的。

有一位名叫黔敖的财主在大路旁摆上一些食物，等着饿肚子的穷人经过，施舍给他们。一天，有一个瘦骨嶙峋的饥民走过来，只见他满头乱蓬蓬的头发，衣衫褴褛，将一双破烂不堪的鞋子用草绳绑在脚上，他一边用破旧的衣袖遮住面孔，一边摇摇晃晃地迈着步。由于几天没吃东西了，他已经支撑不住自己的身体，走起路来有些东倒西歪。黔敖看到后，便左手拿起食物，右手端起汤，傲慢地吆喝道："喂！来吃吧！"那个饿汉抬起头轻蔑地瞪了他一眼，说道："我就是因为不吃这种'嗟来之食'才饿成这个样子的。"黔敖也觉得自己做得有点过分，便向饿汉赔礼道歉，但那饿汉为了维护自己的尊严，拒绝了嗟来之食，最终还是饿死于路旁。

黔敖本来是出于一片好心，来资助那些需要帮助的人，结果他丝毫没有顾及他这样的态度让人很是没面子，结果别人宁愿饿死，也不愿吃这些"嗟来之食"。由此可知面子在人们心中的位置。

我们每个人都有自尊心和虚荣感，甚至连乞丐都不愿受嗟来之食，因为那样有伤尊严。连乞丐都懂得做人要有尊严，更何况是原本地位相当、平起平坐的朋友或同事呢？但是有不少人就是不懂这个道理总爱扫人的兴。当着众人的面令同事或朋友下不了台，这样会导致双方撕破脸皮。

美国南北战争期间，前方战线吃紧，一个国防部的官员向林肯询问敌人的兵力情况，林肯不假思索地说："敌人的兵力是120万。"国防部的官员吃了一惊，忙问林肯这样的情报是否可靠，林肯回答说："我们的将军每次在打了败仗之后，总是说双方的实力相差悬殊，敌人的兵力是我军的三倍。我军的兵力是40万，那么敌人的兵力不就是120万吗？"

原来林肯一直想对国防部的谎报军情提出批评，但是顾及下属的面子，又不方便明说，于是就借调侃之语对谎报军情、为自己开脱的将领们提出了批评，却没有让将领们感到难堪。

在人际交往中，你要想与别人建立和谐的关系，就必须懂得为他人保留面子。人际关系是相互的，你希望别人怎样对待你，你就应该怎样对待别人。尊敬别人，给别人面子，其实也给自己留下了余地。

每个人都会有走不下去的时候，每个人都会遭遇尴尬，当别人爬不上来时，递一把梯子给对方，那么，你得到的不仅是自己的成功，更多的是别人的尊敬。一两句体谅的话，对他人的理解，这些都可以减少对别人的伤害，保住他人的面子。给别人递把梯子，给别人留个台阶，帮助别人走过尴尬，对人是一种温暖，对己是一种修养。

布鲁斯是纽约一家木材公司的推销员，他多年与那些冷酷无情的木材审查员打交道，常常发生口舌，虽然最后的结果往往是他赢，但公司却总是赔钱。为此，他改变策略，不再同别人发生口角。结果呢？下面是他讲的一段经历：

有天早上，他办公室的电话铃响了，一个人急躁不安地在电话里通知他说，布鲁斯给他的工厂运去的一车木材都不合格，他们已停止卸货，要求布鲁斯立即把货从他们的货场运回去。原来在木材卸下四分之一时，他们的木材审查员报告说这批木材低于标准50%，鉴于这种情况，他们拒绝接受木材。布鲁斯立刻动身向那家工厂赶去，一路上想着怎样才能最妥当地应付这种局面。通常，在这种情况下他一定会找来判别木材档次规格的文件，根据自己做了多年木材的经验与知识，据理力争，力求使对方相信这些木材达到了标准，错的是对方。然而这次他决定改变做法，打算用新近学会的"说话"原则去处理问题。

布鲁斯赶到场地，看见对方的采购员和审查员摆开架势，准备吵架。布鲁斯陪他们一起走到卸了一部分的货车旁，询问他们是否可以继续卸货，这样布鲁斯可以看一下情况到底怎样。布鲁斯还让审查员像刚才那样把要退的木材堆在一边，把好的堆在另一边。

看了一会儿布鲁斯就发现，对方审查得过于严格，判错了标准。这种木材是白松木，而审查员对硬木很内行，却不懂白松木。白松木恰好是布鲁斯的专长。不过布鲁斯一点也没有表示反对对方的木材分类方式。布鲁斯一边观察，一边问了几个问题。布鲁斯提问时显得非常友好、合作，并告诉对方说他们完全有权把不合格的木材挑出来。这样一来审查员变得热情起来，他们之间的紧张开始消除。渐渐地，审查员整个态度变了，他终于承认自己对白松木毫无经验，开始对每一块木料重新审查并虚心征询布鲁斯的意见。结果是他们接受了全部木材，布鲁斯拿到了全价的支票。

故事中的布鲁斯没有揭穿对方审查员不懂白松木的事实，给对方留了面子，消除了紧张的关系，最终做成了生意。

事实上，无论你采取什么样的方式指出别人的错误，即使是一个藐视的眼神，一种不满的腔调，一个不耐烦的手势，都可能让别人觉得没面子，从而带来难堪的后果。不要想着对方会同意你所指出的错误，因为你否定了他的智慧和判断力，打击了他的自尊心，同时还伤害了你们的感情，他非但不会改变自己的看法还会进行反击。所以，在给别人指出错误的时候要委婉，讲究方式，给别人留足面子，这样会更容易让别人接纳。

给他人留面子是一种社交技巧，是人们在多年交往中总结出的一种经验，所以你要懂得给人面子，你给人留面子就是给人一份厚礼。如果有朝一日你求他办事，那么他自然要"给回面子"，即使他感到为难或感到不是很愿意。这便是通晓人情世故的全部精义所在。只有把别人的面子顾及了，我们才能在这个社会中如鱼得水地生存。

一视同仁，平等对待每一个人

有这样一则寓言故事：

山上有一棵大树和一株小草，小草为自己的渺小自卑，大树因自己的高大狂妄，太阳说："你们是平等的，我绝不厚此薄彼。"

小草为自己的柔弱自卑，大树因自己的挺拔狂妄，春风说："你们是平等的，我绝不厚此薄彼。"

小草为自己的干涩自卑，大树因自己的茂盛狂妄，雨水说："你们是平等的，我绝不厚此薄彼。"

小草为自己的孤单自卑，大树因自己的厚重狂妄，泥土说："你们是平等的，我绝不厚此薄彼。"

有一天，山上起了大火，火势迅猛，很快就要烧到它们身边。小草为自己惹火烧身的命运哭泣，大树因自己葬身火海的遭际咆哮，山火说："你们是平等的，我绝不厚此薄彼。"

这则寓言阐释了一个道理：每个生命个体都是一种存在状态，都有各自的优劣短长，无须因自己的优势而得意忘形，也犯不着为自己的某种不足而耿耿于怀。只有尊重自我，活出真我，才算是洞彻了生命平等的真谛。

在自然界中，一切生命皆是平等的。作为万物之灵的人，更是平等的。人与人之间的关系是平等的，在我们的社会里，人们之间只有社会分工和职责范围的差别，没有高低贵贱之分。不论职位高低、能力大小，还是职业差别、经济状况不同，人人都享有平等的政治、法律权利和人格尊严，都应得到同等的对待，因此人与人要平等相待，一视同仁。

苏联十月革命胜利后，英国著名作家萧伯纳前往苏联考察。一天，他在大街上同一个可爱的苏联小女孩相识，两人玩了半天，很开心。分别时，萧伯纳觉得应告诉孩子自己是谁，于是问孩子："小姑娘，你知道今天同你玩的是谁吗？"小姑娘答："不知道。"萧伯纳说："告诉你小姑娘，回家也告诉你妈妈，今天同你玩的是英国著名作家萧伯纳！"

小姑娘闻之不悦，回敬说："你回家也告诉你妈妈，今天同你玩的是苏联小姑娘玛沙。"听了小姑娘的话，萧伯纳为之一震，他感慨地说："一个人无论他有多大的成就，他在人格上和任何人都是平等的。"

孩子单纯幼稚，不识名人，头脑中没有世俗的等级观念，在与成人交往时，他们幼小纯洁的心灵同样渴望一份平等。萧伯纳为自己不经意间流露出的以名人自居的不平等态度而深感内疚。为此，他回国后专门写了一篇文章反省自己，并提醒世人与他人交往时一定要相互尊重，平等待人。

平等是人际交往的前提和基石。人与人都是平等的。从平等的角度看待别人，对待别人，这是人与人之间沟通的一大智慧。

平等，主要指交往双方态度上的平等。我们每个人都有自己独立的人格、做人的尊严和法律上的权利与义务，人与人之间的关系是平等的关系。

在人际交往中，每个人都渴望得到平等的待遇，渴望得到他人的理解、宽容和尊重。然而，在实际生活中，却不是谁都可以做到平等待人的。我们在埋怨、抱怨他人对自己不够平等的时候，常常忽略了自己对待他人的态度。

有一个真实的故事，发生在美国纽约曼哈顿。

一天，一位四十多岁的中年女人领着一个小男孩走进美国著名企业"巨象集团"总部大厦楼下的花园，在一张长椅上坐下来，她不停地在跟男孩说着什么，似乎很生气的样子。不远处有一位头发花白的老人正在修剪灌木。

忽然，中年女人从随身挎包里揪出一团白花花的卫生纸，一甩手将它抛到老人刚剪过的灌木上。老人诧异地转过头朝中年女人看了一眼。中年女人也满不在乎地看着他。老人什么话也没有说，走过去拿起那团纸扔进了一旁装垃圾的筐子里。

过了一会儿，中年女人又揪出一团卫生纸扔了过来。老人再次走过去把那团纸拾起来扔到筐子里，然后回原处继续工作。可是，老人拿起剪刀，第三团卫生纸又落在了他的灌木上……就这样，老人一连捡了那中年女人扔的六七团卫生纸，但他始终没有因此露出不满和厌烦的神色。

"你看见了吧！"中年妇女指了指修剪灌木的老人对男孩说，"我希望你明白，你如果现在不好好上学，将来就跟他一样没出息，只能做这些卑微低贱的工作！"

老人放下剪刀走过来，对中年女人说："夫人，这里是集团的私家

165

花园，按规定只有集团员工才能进来。"

"那当然，我是'巨象集团'所属一家公司的部门经理，就在这座大厦里工作！"中年女人高傲地说着，同时掏出一张证件朝老人晃了晃。

"我能借你的手机用一下吗？"老人沉吟了一下说。

中年女人极不情愿地把手机递给了老人，同时又不失时机地教导她的儿子："你看这些穷人，这么大年纪了连手机也买不起。你今后一定要努力啊！"

老人打完电话后把手机还给了妇人。很快一名男子匆匆走过来，恭恭敬敬地站在老人面前。老人对来人说："我现在提议免去这位女士在'巨象集团'的职务！""是，我立刻按您的指示去办！"那人连声应道。

老人吩咐完后径直朝小男孩走去，他用手抚了抚男孩的头，意味深长地说："我希望你明白，在这世界上最重要的是，要学会尊重每一个人……"说完，老人转身离去。

中年女人被眼前突然发生的事情惊呆了。她认识那个男子，他是巨象集团主管任免各级员工的一个高级职员。"你……你怎么会对这个老园工那么尊敬呢？"她大惑不解地问。

"你说什么？老园工？他是集团总裁詹姆斯先生！"

"啊，他是总裁？"中年女人一下子瘫坐在长椅上。

平等待人是一项基本美德。在交往过程中，每个人的地位都是平等的。我们要正确估价自己，不要光看自己的优点而盛气凌人，也不要只见自身的弱点而盲目自卑，要尊重他人的自尊心和感情，更不能"看人下菜碟"。

尊重他人，你才会赢得他人的尊重

人与人之间的交往，应建立在真诚与尊重的基础上。哲学家威廉·詹姆士说过："潜藏在人们内心深处的最深层次的动力，是想被人承认、想受人尊重的欲望。"渴望受人喜爱、受人尊敬、受人崇拜，这是人类的本性。但是，有取必有予，我们希望获得些什么，也就必须首先付出些什么。

在人们的交往中，自己待人的态度往往决定了别人对我们的态度。就像一个人站在镜子前，你笑时，镜子里的人也笑；你皱眉，镜子里的人也皱眉；人对着镜子大喊大叫，镜子里的人也冲你大喊大叫。所以，我们要想获取他人的好感和尊重，首先必须尊重他人。只有做到尊重他人，自己才会受到他人的尊重。一个不尊重别人的人，是绝不会得到别人的尊重的。

有一个非常有钱的富翁，但却受不到旁人的尊重，他为此苦恼不已。

某日上街，见衣衫褴褛的一乞丐，他便掷一亮晶晶的金币于其破碗内。谁知乞丐竟忙于捉虱子毫不理会。富翁不由得生气："你眼睛瞎了？没看见我给你的是金币吗？"

乞丐仍不抬头，答道："给不给是你的事，不高兴可以拿回去。"富翁大怒，意气用事，遂又丢了十个金币于碗中，却不料乞丐仍是不理不睬……

富翁暴跳起来，说："我将所有财产都给你，你可愿意尊重我？"

乞丐大笑："你将财产给了我，你就成了乞丐而我成了富翁。我凭什么尊重你？"

这故事给了我们一些启示：与人相处时，不论别人的条件和身份是怎样的，都应该尊重别人的人格。只有尊重了别人，你在别人心目中才更有地位，别人才会尊重你。

"人不如己，尊重别人；己不如人，尊重自己。"无论身处何位，尊重别人与自我尊重一样重要。所以，与人交往，不论对方的地位高低、身份如何、相貌怎样，都要尊重他人的人格，使人感到他在你心中是受欢迎的，从而得到一种心理上的满足，进而产生愉悦。

尊重他人不仅仅是一种态度，也是一种能力和美德，它需要设身处地为他人着想，给别人面子，维护他人的尊严。

法国著名的将军狄龙在他的回忆录中曾讲过这样一件事：

"一战"期间的一次恶战，他带领第80步兵团进攻一个城堡，但遭到了敌人顽强的抵抗，步兵团被对方压住无法前行。狄龙情急之下大声对他的部下说："谁设法炸毁城堡，谁就能得到1000法郎。"

狄龙认为士兵们肯定会前仆后继，但是没有一位士兵敢冲向城堡。狄龙将军恼怒异常，大声责骂部下懦弱，有辱法兰西国家的军威。

一位军士长听罢，大声对狄龙说："长官，要是你不提悬赏，全体士兵都会发起冲锋。"

狄龙听罢，转而发出另外一个命令："全体士兵，为了法兰西，前进。"

结果，整个步兵团从掩体里冲出来，最后，全团1194名士兵只有90人生还。

对于一个军人，如果用金钱驱使他们作战，无疑是奇耻大辱。在他们看来，他们的尊严比生命还重要。尊重的力量，在关键时刻起到了决定性的作用。

没有尊重的交往是不可能持续下去的。只有相互尊重，才能相互平等，相互认可，使双方乐于接受彼此。

王林就曾因不尊重他人，而付出过沉重的代价。王林是一家小服装公司的老板，其公司产品大都通过一家外贸公司销往国外。王林的公司与这家外贸公司长期合作，保持着很好的业务往来。外贸公司的胖子经理就如同王林的财神爷一样受到王林的欢迎。

在一次谈判中，王林极力劝说外贸公司和他们扩大贸易范围，但胖子经理就是不答应。王林费尽了口舌，依然一无所获。此时，王林恼羞成怒，胖子经理刚走，他就对手下人说："你看那胖子，往公司大门口一站，蚊子就只有侧着身子才能过来。"恰巧这时胖子经理回来取忘了拿的手机，正好听到了王林的嘲讽。

胖子经理望了望王林，拿起东西就走了，王林甚是尴尬。之后他多次想方设法赔礼道歉，但胖子经理始终未置可否。这样，他们两家公司也就逐渐减少了合作，直至分道扬镳。王林为此损失甚多。

有时，我们都希望赢得别人的尊重，却往往忽视了尊重别人。"己所不欲，勿施于人"是尊重他人的基本原则。心理学研究表明，人都有友爱和受尊敬的欲望，并且交友和受尊重的欲望都非常强烈。人们渴望自立，渴望成为家庭和社会中真正的一员，平等地同他人进行沟通。如果你能以平等的姿态与人沟通，对方会觉得受到了尊重，而对你产生好感；相反地，如果你自觉高人一等、居高临下、盛气凌人地与人沟通，对方会感到自尊受到了伤害而拒绝与你交往。

任何人都有自尊和被人尊重的需要。如果你不能满足他人的这种最基本、最简单的需要，那么他人肯定不愿意与你相处。一句古语说得好："君子敬而无失，与人恭而有礼。"只有尊敬别人才能换来别人对你的尊敬，只有互相尊敬才能互相受益。

注重首因效应，以良好的第一印象打动人心

心理学上有一个名词叫首因效应，它是说，两个人初次见面，总要先互相打量一番，这就产生了"第一印象"。人与人之间的交往，总是以第一印象为基础进行的，它在很大程度上决定着我们的态度和行为。

心理学家做过这样一个试验：

心理学家分别让一位戴金丝眼镜、手持文件夹的青年学者，一位打扮入时的漂亮女郎，一位挎着菜篮子、脸色疲惫的中年妇女，一位留着怪异发型、穿着邋遢的男青年在公路边搭车。结果显示，漂亮女郎、青年学者的搭车成功率很高，中年妇女稍微困难一些，那个男青年就很难搭到车。

这个实验证明：第一印象在人际交往中非常重要。

我们常说的"给人留下一个好印象"，一般就是指的第一印象，说的

是人与人第一次交往中给人留下的印象。因此，在社交活动中，我们可以利用这种效应，展示给人一种极好的形象，为以后的交流和沟通打下良好的基础。

人们常说："良好的开端是成功的一半。"人际交往的开端——第一印象，同样会决定一个人的交往"命运"。第一印象是在人际交往中得到的关于对方的最初印象，第一印象的好坏往往决定着交往甚至事业的成败。

我国东北盛产大豆，以其粒大、油多、脂肪丰富而闻名全国。改革开放期间，一大批农民企业家迅速崛起，陈志贵就是其中的一个。他胸怀宽广、目光远大，就地取材，以当地特产的优质大豆为原料，创办了一家豆粉饼加工厂。由于经营得方，业务很快就做大起来，不仅将客户发展到了全国，甚至还发展到了东南亚地区。

一天，陈志贵收到了一张来自香港的大订单，他亲自带领工人连夜加班，终于在规定的时间内完工，将货物发往了香港。但几天之后，香港公司却打来电话，说货物"有质量问题"，要求退货。

陈志贵十分纳闷，自己的产品一向以质量过硬而赢得卓越的信誉，况且，这批产品有自己亲自监工生产，怎么会出现质量问题呢？绝对不是质量问题，一定是其他环节出了问题！陈志贵十分自信，他简单收拾了一下行李，立即乘飞机飞往香港。

当西装革履、风度翩翩的陈志贵出现在香港公司的总经理面前时，对方竟然惊讶地张大了嘴巴。虽然还不明白退货的问题出在哪里，但感觉敏锐的陈志贵已从对方的细微变化中捕捉到了什么。

在以后两天的相处中，陈志贵不亢不卑，侃侃而谈，充分表现出一个现代企业家应有的气质和风度，最终不仅"质量问题"彻底解决，他还和那位总经理成了好朋友，成为长期的商业伙伴。但是"质量问题"始终是陈志贵心中的一个疑团，因为他和对方谈的多是企业管理和人生修养方面的问题，他们根本没有再谈什么质量问题。直到多年之后，陈志贵向那位经理询问才得知真正原因。

原来，这批货是香港公司的一个部门经理向陈志贵订的，但在向总经理汇报后，总经理得知这批货是由农民家庭加工生产时，脑海里凭空臆想出了一个土得掉渣的农民形象。总经理顾虑重重，对那批货看也不看，就做了退货的决定。但当形象鲜明、个性十足的陈志贵突然出现在他面前时，他才知道自己犯了一个多么可笑的错误。

第一印象真的很重要。一个人的第一印象往往会给对方留下很深的印象，如果你在第一次交往中给别人留下了一个好印象，别人就乐于跟你进行第二次交往；相反，如果你在第一次交往中表现不佳或很差，结局往往很难挽回。因此，在与人的初次交往过程中，要注意给人以良好的第一印象。

有一句谚语是这样说的：第一印象永远不可能有第二次机会。良好的第一印象是交往成功、和谐人际关系的良好开端。第一次与人沟通是后续成功发展的关键。人们对你形成的某种第一印象，通常难以改变。而且，人们还会寻找更多的理由去支持这种印象。因此，初次见面就给人留下不好的印象的人，通常是不讨人喜欢的人，而第一次交往就给人留下美好印象的人，更容易受人欢迎。

卡耐基说过："良好的第一印象是登堂入室的门票。"不可否认，给他人的第一印象直接影响着你在他人心目中受欢迎的程度。美国心理学家亚瑟所做有关第一印象研究中指出，人们在会面之初所获得的对他人的印象，往往与以后所得到的印象相一致。那么，怎样才能给人良好的第一印象呢？从根本上说，它离不开提高自己的文化修养水平，离不开进行经常的心理锻炼。心理学家提出下面几条建议：

（1）注意仪表：仪表是一个人内部思想的体现，它反映了个体内在的修养。得体的仪表，是展现个人魅力的重要手段之一。因为第一次见面，别人是没办法去了解你的内在美的，而你体现在着装上的个性能让别人一目了然。如果你穿着得体，那就会给别人留下一个好的印象。注意自己的穿着，不一定要穿上最流行、最时髦的衣服，只要穿着整洁，合适你的性格和体型的就可以了。

（2）注意谈吐：一个人的谈吐可以充分体现其魅力、才气及修养。一个人有没有才气最容易从讲话中表现出来。在社交谈吐时，要注意环境气氛，绝不要喧宾夺主，自说自话。风趣、幽默的言谈会给人以听觉的享受和心灵的美感。

（3）展现风度：风度是一个人的性格和气质的外在表现，是在长期的社会实践中所形成的好的性格、气质的自然流露，属于一个人的外部形态。要有美的风度，关键在于个人在实践中培养自身的美的本质，形成美的心灵。古人早就说过："诚于中而形于外。"心里诚实，才有老实的样子。当然，人的风度是多样的，不能强求一律。人的风度的多样性，是由人的性格、气质的多样性所决定的。但是，无论性格、气质的多样性也好，还是风度的多样性也好，都应当体现出人的美的本质。只有美的心灵，美的性格、气质，才能培育出美的风度。

（4）注意行为举止：行为动作是一个人内在气质、修养的表现。男子的举止要讲究潇洒、刚强；女子的举止要注意优美、含蓄。在一般情况下，大方、随和乐观、热情的人总受人欢迎，炫耀、粗鲁或过于拘束的人则让人生厌。

注意刺猬法则，再好的朋友也要保持距离

交友不但要谨慎，而且朋友之间也应该随时保持距离，这样做不仅仅是为了自身，更是为了友谊的长久。

有这样一个小故事：

在冬天来临时，森林中有十只刺猬冻得直发抖。为了取暖，他们只好紧紧地靠在一起，却因为忍受不了彼此的长刺，很快就各自跑开了。

可是天气实在太冷了，它们又想要靠在一起取暖，然而靠在一起时的刺痛使他们又不得不再分开。

反反复复地分了又聚，聚了又分，刺猬们不断在受冻与受刺两种痛苦之间挣扎。最后，刺猬们终于找出一个适中的距离，既可以相互取暖又不至于被彼此刺伤。

这就是刺猬法则，它告诉我们，和朋友相处，有时也要"相敬如宾"，这样才会像刺猬一样，既能彼此得到对方的温暖，而又不会因为近而伤害对方。因此，不妨多学一点刺猬的相处哲学，或许你就能与朋友相处得更好。

1. 财产要分清

中国有一句古话，"亲兄弟，明算账。"朋友交往，有的人很讲义气，不分你我，我花你的钱，你随便用我的东西，像一个人似的，可是往往发展到后来却因为扯不清的经济账而心存芥蒂，甚至分道扬镳。到了算账的那一

天，就又要争出个高低来，还不伤害感情吗？

所以，最好的关系也要分清你我，这是处世的经验，你是你，我是我，才是正常的与人性化的。朋友之间的利益有重合的方面，也有不能重合的方面。

2.朋友间也需要秘密

现代人的生活方式、思想观念大都较前卫，但有些人特别注意捍卫自己的隐私权，所以你可别轻易侵入对方的这个"领地"，除非对方自己主动向你说起。再好的朋友，某些方面还是要保持必要的距离的。

有不少人认为过分关心别人隐私是无聊、没有修养的低素质行为。这就意味着你与同事、朋友在一起时，得掌握交往的尺度。工作或是信息上的交流、生活上的互助，或是一起游玩，都会让双方感到高兴，可是千万别介入他们的隐私，不然对方会讨厌你、鄙视你，把你看作无聊的人。

即使自己偶尔知道了朋友的秘密或隐私，也不能大肆张扬，到处传播，当然更不能去打听去询问了。在朋友的秘密和隐私面前，保持一定的交际距离，是十分必要的。

王丹有一个非常要好的朋友叫李丽，她们几乎朝夕相处，工作上互相鼓励，互相竞争；生活上也是相互关心，互相支持的。但是，有一天她们却突然心生芥蒂，心照不宣地分开了。事情是这样的：王丹有记日记的习惯，而且她认为日记就是她的心灵，是她心中的秘密，是她生命的一部分。任何人都不能看，王丹觉得日记应该是属于她自己的很私人的东西。可是，那天王丹的好朋友李丽在王丹家里无意中见到了这个日记本，就想打开来看，王丹坚决不同意。李丽认为她的什么秘密都告诉王丹了，王丹的秘密她也应该知道。但是，王丹仍然没有同意。从这以后，王丹就明显地感到她的好朋友对她疏远了。她感到非常难过，因为她不想失去她的好朋友，但是又真的不愿意让李丽看她的日记。

要保持交友距离，首先就要尊重朋友的个人秘密和个人隐私。虽然朋友之间朝夕相处，亲密无间，双方都很了解各自的品行、学识和修养，但是毕竟也会碰上朋友不愿说出来或不愿让人知道的个人秘密。在朋友的个人秘密和隐私面前，保持适当的距离，是尊重朋友、维护友谊的正确做法。

3. 不要依赖朋友

朋友之间也存在着某种意义上的制约性与依赖性，这些不属于友谊的范畴，只不过是习惯罢了，但深深地影响着你与朋友的关系。如果你摆出控制者或依赖者的架势，你就不可能体会友谊的真正含义，你也不是一位真正的朋友。

健全的和不健全的友谊之间，有一条模糊不清的界限。有些人与朋友的关系恶化，令人失望或令人非常不满，他们难以区分健全的和不健全的友谊。

过分地依赖朋友会损害你和朋友的关系，使双方都不愉快。朋友并非父母，他们没有义务指导和保护你，他们可以给你支持，但不可能替你包办，你必须清楚，这只不过是朋友的原本状态。

你自己不能做决定，缺乏主见，就会使你受到朋友正确或错误意见的影响。为此，你应该立刻决定，摆脱对朋友的依赖。

总之，与人交往不要过于亲密，保持适当的距离，有助于友谊的持久。

超级自控力

——如何进行有效的自我管理

第七章　时间都去哪儿了，
实现对时间的管理

珍惜生命中的每一分每一秒

世界上有一个奇怪的银行，给每人都开了一个账户，每天都往这个账户上存入同样数目的资金，如果你当天用完，余额不能记账，也不得转让。如果你不用，第二天就自动作废。这笔财富就是时间。

时间是人生最大的财富。如果说昨天是一张作废的支票，明天是一张没有兑现的期票，那么，只有今天才是握在手里的现金。既然人生最宝贵的财产已经掌握在你的手中，我们就要好好地安排时间，利用时间。

法国思想家伏尔泰在中篇小说《查第格》中，提了这样一个既有趣又颇发人深省的问题："世界上哪样东西最长又是最短的，最快又是最慢的，最能分割又是最广大的，最不受重视又是最值得惋惜的；没有它，什么事情都做不成；它使一切渺小的东西归于消失，使一切伟大的东西生命不绝？"这是什么？众说纷纭，捉摸不透。

后来，有一个叫查第格的智者猜中了。他说："最长的莫过于时间，因为它永远无穷无尽；最短的也莫过于时间，因为它使许多人的计划都来不及完成；对于在等待的人，时间最慢；对于在作乐的人，时间最快；它可以无穷无尽地扩展，也可以无限地分割；当时谁都不加重视，过后谁都表示惋惜；没有时间，世界上什么事都不可能做成；对于一切不值得后世纪念的，会随着时间的推移使人淡忘；而对于一切堪称伟大的，时间能使其永垂不朽。"

时间意味着什么？这些年来流行的说法是"时间就是金钱"。实际上，在时间和金钱之间，还有效率和财富。也就是说，争分夺秒——提高效率——创造更多的财富才是现代人的时间观念。时间比钱还要珍贵，珍惜时间就是珍惜生命。

历史上许多伟人、名人视时间为生命，对时间无比珍惜，他们的成功是他们做出了超出常人的努力。

苏联昆虫学家柳比谢夫从26岁就开始实行自己的"时间统计法"，他每天都要进行核算，日清月结，年终总核算并订出下年的计划。他还有自己一生中的许多个"五年计划"。5年之后就把自己的时间支出和事业成就做一番对比研究，从中找出得失，吸取教训。直到他去世的那一天，56年如一日，从不让时间白白流逝，所以他的一生取得了很大成就，发表了70余部科学著述，而且每篇论文都有时间的"成本核算"。请看看他《论生物学中运用数字的前景》一书的"成本核算"。这是他写在手稿的最后一页上的：

准备提纲（翻阅其他手稿和参考文献）14小时30分。

写作29小时15分。

共费43小时45分，共8天，1921年10月12日到19日。

这多么像一个时间的"会计师"，从原料到加工，到完成产品，都有详细的成本核算，都要登记入册。

正因为时间的宝贵，一些有识之士便想办法让人们学会珍惜时间。居里夫人的会客室从来不放座椅，这使来访者难以拖延拜访时间；卡扎菲发现总统府的官员坐在椅子上闲谈，于是撤出所有的办公椅，让他们站着办公。这些做法，可能有人认为太过分，甚至也可能认为是一种"不幸"，然而屠格涅夫说得好："没有一种不幸可与失掉时间相比了。"

时间对每个人都是平等的，谁有紧迫感，谁珍惜时间，谁勤奋，谁就可以得到时间老人的奖赏。这个道理并不深奥。

生命对于每个人来说都是珍贵的，也是有限的，那就应该在有限的生存时间里把握好每一分钟，不让任何一分钟碌碌无为。有人说过："人的生命只不过有很多分钟而已，你必须好好利用每一分钟。"

一分钟能干什么？能带给我们什么？能使我们获得什么？能让我们领悟什么？也许这一切只有我们经历过了，才知道它能干什么。时光飞逝，转瞬即逝，没有一个人能逃脱生老病死，也许你这一刻还活在世上的某一个角落里，到了下一刻不知自己是否还能存活在世上。时间总是那么快，一个人来到世上只需一分钟，离开这个世上也只需要一分钟，你说一分钟对我们重要不重要？

著名的教育家班杰曾经接到一个向往成功、渴望指点迷津的年轻人的电话，待说明来意后，班杰和他约好了见面的时间和地点。

当年轻人如时赴约时，不禁被眼前的景象惊呆了——班杰的房门大开着，里面乱七八糟，十分狼藉。这时班杰走出来和他打招呼："看，我这里太乱了，请稍等一分钟！"然后关上了门。过了一分钟班杰打开门并热情地把他迎进屋里，此时他眼前却是一个非常整齐的房间，各种物品摆放得井井有条。正当他惊讶时，班杰将一杯酒递给他："干杯！年轻人，现在你已经得到答案了吧？""可是我还没有向您请教呢？"年轻人很不解。"难道这还不够吗？"班杰一边指着自己的房间一边说，"你进来又有一分钟了！""一分钟！"他若有所思地说，"我懂了。您让我明白了一分钟的时间可以做很多的事情！"

一分钟虽短，价值却无限。如果你紧紧地把握住它，它将会给你带来无限的财富；如果你轻视它，它只会给你带来无尽的伤悲。

时间是组成生命的因子，生命只不过是一条在时间中流动的河。一个人的生命价值，取决于这个人对时间利用的多少。生命每一段、每一分、每一秒都是值得珍惜的，应把每一分钟都当成最后一分钟来对待，让每分钟都过得有价值、有意义。

哲人曾说过，珍惜时间，利用时间的人才是生活的强者。有的人一辈子活得庸庸碌碌，其实不是他们不聪明、不努力，而是没有利用好时间；相反，有的人一举成名天下知，是因为他们能够利用好人生中的每一分钟，一直在做驾驭时间的主人。

富兰克林曾经说过："你热爱生命吗？那么你就别浪费时间，因为时间是组成生命的材料。" 善用时间就是善用自己的生命。如果你从手上放走时间，你就是放走自己的生命；你把时间掌握在手中，你就掌握着自己的生命。

浪费时间就是浪费生命，就让我们一起行动起来吧，用好每一分每一秒，把有限的生命投入到无限的生活之中。提高生活的质量，让生命的价值在有限的时间里尽量发挥，这样就等于增加了生存的"密度"，扩充了有限生命的内涵，我们的生命也会因此变得更有价值，我们的生活也会更有意义！

无论何时，都要做个守时的人

所谓守时，就是遵守时间，履行承诺，答应别人的事情就要在规定的时间范围内完成。守时，不是一件小事，守时不仅是自身素质的一种体现，也是对他人尊重、负责的一种人际关系体现，它是一种积极的人生态度。如果你对别人的时间不尊重，你也不能期望别人尊重你的时间。一旦你不守时，你就会失去影响力或者道德的力量。

人们常说："时间就是金钱，时间就是生命。"时间的重要性不言而喻。既然时间如此宝贵，那么守时就显得更加重要了。遗憾的是，不守时的事情经常在我们身边发生。通知了几点开会，却总有那么几个人迟到；约会时间已到，有人就是不见踪影；要求什么时间要办完哪件事，到时也总有人不能按时完成……诸如此类事情，屡见不鲜。

詹姆斯先生一贯非常准时。在他看来，不准时是一种难以容忍的罪恶。有一次，詹姆斯与一个请求他帮忙的青年约好，某天早晨的10点钟在自己的办公室里见那位青年，然后陪那位青年去会见火车站站长，应聘铁路上的一个职位。到了这一天，那个青年比约定时间竟迟了20分钟。所以，当那位青年到詹姆斯的办公室时，詹姆斯先生已经离开办公室，开会去了。

过了几天，那个青年再去求见詹姆斯。詹姆斯问他那天为什么失约，谁知那个青年人回答道："呀，詹姆斯先生，那天我是在10点20分来的！""但是约定的时间是10点钟啊！"詹姆斯提醒他。那个青年支吾着说："迟到一二十分钟，应该没有太大关系吧？"詹姆斯先生很严肃地对他说："谁说没有关系？你要知道，能否准时赴约是一件极要紧的事情。就这件事来说，你因不能准时已失掉了拥有你所向往的那个职位的机会，因为就在那一天，铁路部门已接洽了另一个人。而且我还要告诉你，你没有权利看轻我的20分钟时间，没有理由以为我白等你20分钟是不要紧的。老实告诉你，在那20分钟的时间中，我必须赴另外两个重要的约会，我也不能让别人白等。"

不要以为约会迟到只是一件稀松平常的事，更不要以为它不足以产生严重的不良后果。事实上，在"守时"被视为美德的社会里，"迟到"是一种令人难以接受的恶习。

对于不守时的人来说，浪费的不仅仅是自己的时间和生命，同时也在消耗别人的时间和生命。守时是尊重别人的时间和尊重自己的时间。尊重别人的时间相当于尊重别人的人格、权利，尊重自己的时间则无疑是珍惜自己的生命。因此，守时的人更容易获得他人的尊重。

有一次，香港最著名的畅销书作家梁凤仪应邀到北京大学做报告，时间是下午三点。当天的上午她应邀参观了中央电视台的一个拍摄基地后，她觉得时间还很充足，就和基地的领导一起共进了午餐。谁知乘车去北京大学的路上塞车了，结果迟到了一小时。

会议开始后，主持人一再强调："梁老师迟到是因为塞车。"但是，走上讲台的梁凤仪觉得自己是不可原谅的，她说："各位同学，我在此向大家诚恳道歉！北京塞车是常事，但我不应该为自己找借口，我应该把塞车的时间计算在内，做好充分的准备。如果在座的有一千位同学，我迟到的这一小时，对大家来说，就是浪费了一千个小时的生产力量，影响一千个人的心情啊！我只能盼望你们的原谅！"她的话，不仅赢得了同学们热烈的掌声，更赢得了大家发自内心的爱戴。

守时是一种对别人的尊重，是自己的信誉，是一种于细节处可见的美德。它不仅体现出一个人对人、对事的态度，更体现出一个人的道德修养。

守时是一种美德、一种素质、一种涵养，是待人有礼貌的表现。每次的守时，都会给对方留下良好的印象，从而为自己赢得更多的朋友。不遵守时间的人，在浪费自己和别人宝贵时间的同时，也会失去朋友。有谁愿意和一个不懂得珍惜时间，不懂得尊重他人的人做朋友呢？不守时只是一个表象，深层次的原因源于对时间的轻视和对别人的漠视，所以说，守时不单单是礼貌问题，更是人品问题。

德国哲学家康德是一个十分守时的人。一次，他想要去一个名叫珀芬的小镇拜访他的一位老朋友威廉先生。于是，他写了信给威廉，说自己将会在3月5日上午11点钟之前到达那里。半路却因为桥坏了过不了河了，他跑到附近的一座破旧的农舍旁边，对主人说："请问您这间房子肯不肯出售？"农妇听了他的话，很吃惊地说："我的房子又破又旧，而且地段也不好，你买这座房子干什么？""你不用管我有什么用，你只要告诉我你愿不愿意卖？""当然愿意，200法郎就可以。"

康德先生毫不犹豫地付了钱，对农妇说："如果您能够从房子上拆一些木头，在20分钟内修好这座桥，我就把房子还给你。"农妇再次感到吃惊，但还是把自己的儿子叫来，及时修好了那座桥。

马车终于平安地过了桥。10点50分的时候，康德准时来到了老朋友威廉的房门前。康德和老朋友度过了一段快乐的时光，但是他对于为了准时过桥而买下房子、拆下木头修桥的过程却丝毫没有提及。后来，威廉先生还是从那位农妇那里知道了这件事，他专门写信给康德说：老朋友之间的约会大可不必如此煞费苦心，即使晚一些也是可以原谅的，更何况是遇到了意外呢。但是康德却坚持认为守时是必需的，不管是对老朋友还是陌生人。

守时的习惯代表你对自己的控制能力。如果一个人平常很难做到守时的话，那他做别的事情应该也难以如期完成。一个守时的人定是一个懂得珍惜时间的人，不仅仅要注意不浪费自己的时间，也要时时注意不能够白白浪费别人的时间。管理好自己的时间，就是让自己无论在做什么事的时候都能够轻松应对，游刃有余。一个守时的人，必将获得别人的尊重，也必将赢得自己的成功。

守时是现代交际中彼此尊重的一个重要体现，是一个社会人需要遵守的最起码的礼仪之一。守时，对个人来说是一种好习惯，在与他人的交往中是一种礼貌和信用。守时与否体现了一个人的教养和基本素质，不可小视。

要事第一，先做最重要的事情

做事之前，应该清楚地知道，什么是自己该忙的。在现实生活中，许多不善于利用时间的人在处理日常生活的方方面面时分不清哪个更重要，哪个更紧急，时常左右为难。这正如法国哲学家布莱斯·巴斯卡所说："把什么放在第一位，是人们最难懂得的。"

做事的一个基本原则是：把最重要的事情放在第一位。古人云："事有先后，用有缓急。"任何事情都有轻重缓急之分。重要性最高的事情应该优先处理，不应将其和重要性最低的事情混为一谈。对于那些零零散散的事务，我们可以先把它们按照"急重轻缓"的顺序，整理好再着手处理。只有分清哪些是最重要的并把它做好，做事的时候才会井井有条，简约有效。

美国伯利恒钢铁公司总裁查尔斯·舒瓦普，向效率专家艾维·利请教"如何更好地执行计划"的方法。

艾维·利声称可以在十分钟内就给舒瓦普一样东西，这东西能把他公司的业绩提高50%，然后他递给舒瓦普一张空白纸，说："请在这张纸上写下你明天要做的六件最重要的事。"舒瓦普用了五分钟写完。

艾维·利接着说："现在用数字标明每件事情对于你和你的公司的重要性次序。"

这又花了五分钟。

艾维·利说："好了，把这张纸放进口袋，明天早上第一件事是把纸条拿出来，做第一项最重要的。不要看其他的，只是第一项。着手办第一件事，直至完成为止。然后用同样的方法对待第二项、第三项……直到你下班为止。如果只做完第一件事，那不要紧，你总是在做最重要的事情。"

艾维·利最后说："每一天都要这样做——您刚才看见了，只用十分钟时间——你对这种方法的价值深信不疑之后，叫你公司的人也这样干。这个试验你爱做多久就做多久，然后给我寄支票来，你认为值多少就给我多少。"

一个月之后，舒瓦普给艾维·利寄去一张2.5万美元的支票，还有一封信。信上说，那是他一生中最有价值的一课。

五年之后，这个当年不为人知的小钢铁厂一跃而成为世界上最大的独立钢铁厂。人们普遍认为，艾维·利提出的方法功不可没。

在生活中，勤奋却没有取得成就的人比比皆是。这是因为他们常犯一个错误，那就是分不清主次轻重。他们常常是捡了芝麻丢西瓜，虽然小事干得又多又好，但成效不大，因为那毕竟是些无关紧要的小事，而真正重要的大事却常常被他们忽视，因为小事已经占用了他们大部分的时间和精力。为了让时间利用率最大化，你要试着比普通人多思考一些，学会先做重要的事。

要事第一，就是先做最重要的事情。这也是做事的一个基本原则。大凡成功者都非常明白轻重缓急的道理的，他们在处理一年或一个月、一天的事情之前，总是按分清主次的办法来安排自己的工作。因此，开始做事之前，他们总要好好地安排工作的顺序，谨慎地做好这件事。

华勒是某商贸公司的销售总监，公司的2000名职员中有1400人从事销售工作，他经常忙得焦头烂额，似乎工作总是干不完，要想找个时间度假更是不可能。华勒时常有这样一种感触，就是整天都忙忙碌碌，累得精疲力竭。等到下班时，才发现自己所做的那些工作都是容易做的和无关紧要的，而那些棘手的但重要的工作往往拖了很长时间还是没有完成。

后来，一次时间管理的培训，使华勒改变了安排时间的习惯做法。华勒发现，时间管理培训使自己的工作效率有了前所未有的提高。他再也不用每周工作50~55个小时了，也不用经常将工作带回家里去做了。现在，华勒可以用更少的时间完成更多的工作。

华勒所采用的方法就是制订每天的工作计划。现在他根据各种事情的重要性来安排工作顺序，首先完成最重要的，然后再去做较为次要的。这种做法的好处是使他更加明确了各项工作的目标。过去华勒从未写出要做的事情并将它们排出顺序，而现在华勒将需要做的工作列出一个清单：把应该由别人办的事情交代别人办，自己集中精力处理那些必须亲自做的事情。

过去，华勒往往将那些重要的、棘手的工作挪到有空的时候再去做，结果大量次要的工作占用了他几乎全部的工作时间。现在华勒将次要的工作移到最后处理，即使没有处理完他也不用太担忧，因为那些事情无关紧要。现在华勒对自己感到很满意，他能够按时下班而不会因为许多工作没有完成而感到不安。

由此可见，分清工作的轻重缓急，把最重要的任务安排在一天中你干事最有效的时间来做，你就能花较少的力气，做完较多的工作。

重视时间效率的人懂得，他们必须要完成许多工作，而且每件工作都要达到一定的效果。因此，他们就会集中一切资源以及他所有的时间和精力，坚持把重要的事情放在前面先做。要做最重要的事，就是养成把每天要做的工作列出来的习惯。

刘丽是某私企经理秘书，几年前刚进公司时，刘丽还脱不了"学生气"，做事总分不清主次，每次经理布置工作时，她都认真记录，可到具体执行时便因种种原因"走样"：不是丢三落四，就是缺东少西。

有一次经理出差，临走前让刘丽起草一份重要的发言报告，以备他一周后回来开会用。刘丽认为时间很充裕，可以慢慢准备。其后几天，刘丽只管忙着处理其他日常事务。转眼到了第六天，刘丽突然想到，经理第二天就要回来了，可报告还没开始动笔，不巧的是，刘丽这天的事情又特别多，上午要替经理参加朋友的开业庆典，下午又要接待已提前预约的客户。

等一切处理妥当，已临近下班，刘丽只好回家连夜赶写报告。当刘丽坐到电脑前开始写报告时，却突然发现，有些背景资料忘记带回家了，这可怎么办？第二天，刘丽只好一早就冲到办公室狂赶报告，总算在经理上班前勉强把报告写完了。

开完会后，经理把刘丽叫到办公室，开门见山地质问她这一个星期的工作状况，然后严肃地说："你有一个星期的时间，为什么交出这样没水平的报告，甚至还有一大堆错字？"刘丽这才意识到事情的严重性，便老老实实地讲述了报告的完成过程，等着被"炒鱿鱼"。不料，经理长叹一声说："你们这些刚毕业的年轻人，有热情但不够成熟，做事情完全分不清主次先后。"随后，经理一笔一画在白纸上写下十个字："要事第一，要务优于急务。"他语重心长地告诉刘丽："秘书的工作很琐碎，但是一定要分清主次，才能把工作做好。"

经理的一席话，让刘丽茅塞顿开。从那以后，她坚持"要事第一"的原则，做事前先安排好顺序，忙而不乱，最后受到了经理的表扬。

要事第一的观念如此重要，但却常常被我们遗忘。我们必须让这种重要的观念成为一种做事习惯。每当开始做一件事情时，都必须首先让自己明白什么是最重要的，什么是我们应该花最大精力重点去做的。

如果做事情不能把握关键所在，常常是付出大量的人力、物力和财力，结果却收效甚微。相反，如果能够了解事物的关键所在，结果就会完全不同。确定事情的轻重缓急，然后，坚持按重要性优先排序的原则做事，你将会发现，再没有其他办法比按重要性办事更能有效利用时间的了。

用对方法，提高做事效率

人常说，方法比勤奋更重要。办事的时候方法不对，再勤奋也没有用。同样的道理，时间比金钱更重要。因为即使有再多的金钱，可是我们没有时间去花，那又有什么意义？即使钱用完了，还可以去赚，而时间被浪费了，用什么方法都无法挽回。做事，重在利用好时间，这是保证事情顺利完成的基础。

把同样的工作交给不同的人，他们完成所耗费的时间却各有不同。有些人要花上一星期才完成的工作，有些人却只需要一天的时间。为什么会有这样大的差别？这除了学识和能力的差别外，同样重要的理由，是因为他们时间管理的方法不同。做事效率高的，往往时间管理较佳；而做事效率低的，则时间管理十分差。

有这样一个事例：

一个人想泡壶茶喝。当时的情况是：开水没有；水壶要洗，茶壶茶杯要洗；火生了，茶叶也有了。怎么办？办法一：洗净水壶，灌上凉水，放在火上，坐待水开；水开了之后，急急忙忙找茶叶，洗茶壶茶杯，泡茶喝；办法二：先做好一些准备工作，洗水壶，洗茶壶茶杯，拿茶叶；一切就绪，灌水烧水；坐待水开了泡茶喝。办法三：洗好水壶，灌上凉水，放在火上；在等待水开的时间里，洗茶壶、洗茶杯、拿茶叶；等水开了，泡茶喝。哪一种办法省时间？我们能一眼看出第三种办法好，前两种办法都浪费了时间。

合理安排时间，就等于节约时间。时间对每个人而言是相同的，但是在相等的时间里所取得的效果、业绩却不是相等的，这跟每个人的效率不同有关。要想切实提高工作效率，掌控好时间至关重要。

现实生活中，许多人非常勤奋努力，每天都忙，却忙的不是地方。他们经常加班加点，没有周末，没有休息时间，简直就是"忙碌"二字的化身，但仍然没有做好自己应该做的事情。

爱迪生是举世闻名的"发明大王"，他一生共发明了电灯、电报机、留声机、电影机、磁力析矿机、压碎机等总计两千余种东西。爱迪生的强烈研究精神，使他对改进人类的生活方式，做出了重大贡献。而这一切都归功于他对时间的珍惜。

一天，爱迪生在实验室里工作，他递给助手一个没上灯口的空玻璃灯泡，说："你量量灯泡的容量。"他又低头工作了。过了好半天，他问："容量多少？"他没听见回答，转头看见助手拿着软尺在测量灯泡的周长、斜度，并拿了测得的数字伏在桌上计算。他说："时间，时间，怎么费那么多的时间呢？"爱迪生走过来，拿起那个空灯泡，向里面斟满了水，交给助手，说："把里面的水倒在量杯里，马上告诉我它的容量。"助手立刻读出了数字。爱迪生说："这是多么容易的测量方法啊，它又准确，又节省时间，你怎么想不到呢？还去算，那岂不是白白地浪费时间吗？"助手的脸红了。爱迪生喃喃地说："人生太短暂了，太短暂了，要节省时间，多做事情啊！"

提高效率的关键，在于专心致志地去做最有价值的事情，一次只做一件事情，并不断实践，将其培养成习惯。这样，效率就会成倍地增加，进而获得更多的可自由支配的时间，有效地进行时间管理。

柳比歇夫是苏联著名科学家。他的一生可谓硕果累累。发表的学术著作达到70多部，内容的涉及面非常广，包括了遗传学、科学史、昆虫学、植物保护、哲学等这些领域。

在他所取得的这些成就中，有很大一部分都要归功于他的那本"时间记录册"。在他的时间记录册里，他每天的各项活动，无论是工作还是休息、读报、看戏、散步等这些活动，所用的时间全部记录在案。甚至有人找他问话，让他帮忙解释问题的时间他都会在纸上做记号，记住具体花了多少时间。他的每项工作，比如写一篇文章，看一本书等，不管自己做了些什么事，每道工序的时间都算得非常清楚。

柳比歇夫从1916年元旦开始对自己所用的时间进行统计。这样一来，他每天都会核算自己花费的时间。每天都会做一次小结，总结一下时间运用上的得失，每月做一次大结，年终做个总结，这样的工作一直持续到1972年他去世那一天。

在这56的时间里，他记录自己的时间从来没有间断过。在每天无论做什么事情，他都会记下事情的起始时间，相当准确。

他曾经说：自己对工作的要求就是一定要保证真正用在工作上的纯时间。比如，工作中的任何间歇他都会刨除掉的。经过他这一系列的思考和计算，柳比歇夫把自己的一昼夜中的纯时间算成了十小时。在不同的时间段从事不同的工作。第一类是创造性的科研工作，如写书、研究、做笔记等；第二类就是除过科研之外的其他活动，比如做学术报告、讲课、参加学术讨论会等。

因为他对自己的所有时间都进行了记录，并且随时对自己运用时间方面的得失进行总结，所以，他的一生非常充实，为科学做出了巨大的贡献。

我们对待自己的时间就应该有柳比歇夫这样严谨的态度，及时对自己的时间安排做出总结，这样就能不断进步。

生活中，经常会听到有人抱怨说自己的时间不够用，事情太多，工作太忙等。这些人虽然看起来每日忙得不可开交，可是他们没有取得什么成果。关键是他们在做事的时候没有真正让自己的时间发挥出作用，所以，到头来还是"时间的穷人"。其实，我们要将事情做好，就离不开对自己时间的有效管理。

当今社会是一个追求速度、讲究效率的社会，时间决定效率，荒废时间就是荒废生命。因此，如何合理安排时间、有效掌握时间是我们必须学习的一门艺术。

学会时间管理，合理高效地利用时间

时间管理是追求成功必备的条件之一，每天的时间不多不少，就只有24个小时，时间管理做得再好，也不能令一日的时间增加一些。可是，利用好时间却能够使你的工作更加有效率，不至于白白浪费。这是成功者必备的素质之一。

管理大师彼得·杜拉克说过："时间是世界上最短缺的资源，除非善加管理，否则一事无成。"很多人抱怨时间不够用，那其实并不是真的不够用，而是由于时间管理不善，不知道自己把时间浪费在哪里了。

郑先生是一家公司的部门经理，这天早上和往常一样，他走进办公室，看到桌子上的一摞报表，感到很头疼。但是迫于工作需要，他只好静静地坐下来，认真地审阅。当看了一部分后，秘书走了进来，告诉他有一位客户要见他。

郑先生毫不在意地说："让他先在会议室等一会儿，我马上就过去。"

大约一杯茶的时间，郑先生走进了会议室，看见客户正焦急地在等待着。郑先生马上满脸堆笑地说："真抱歉，我今天的事情太多了，实在抽不出时间。"

客户听了他的话，非常气愤地说："既然你实在没有时间，那么我们改天再谈吧。"

说完，客户转身就走了。郑先生不知所措地看着客户的背影消失在门口。

第二天，郑先生被公司辞退了，因为他的行为使公司失去了一个重要的客户。

在工作中，如果我们不能有效地安排和利用时间，就会像故事中的郑先生一样，严重影响工作效率，最终被淘汰出局。

俗话说：时间就是生命。只有懂得有效利用时间的人，才能好好把握自己的生命。一个人的成就，取决于他在有效的时间内完成的业绩，时间管理的重点就是学会分配时间，在每一分每一秒都做最有效率的事情。这样，你会在很短的时间内，达到预期的目标。下面介绍几种时间管理的方法。

1. 明确自己的目标

俄国伟大作家托尔斯泰说过："要有生活目标，一辈子的目标，一段时间的目标，一个阶段的目标，一年的目标，一个星期的目标，一天的目标，一小时的目标，一分钟的目标……"所以，你要先冷静地思考一下，拿出一张纸和一支笔，把自己的目标和时间安排详细地写下来，这样便于加强记忆，让自己明白自己在干什么。如果你没有明确的目标，那时间是无法管理的。时间管理的目的，是让你在更短时间达成更多你想要达成的目标。

2. 给自己列一张个人清单

把自己一段时间内需要实现的目标写下来，并清楚地记上要实现这个目标所需要做的那些事情，这样，把大目标划分成小目标，更容易实现。而这个清单，也会清晰明了，让自己看清自己下一步将要完成的内容。一旦你有了"个人清单"并划分好小目标之后，你就会有一个参考的依据。比如，为了达成今年的每一个目标，你上半年必须完成哪些事情？下一步就是把它切割成季目标。你这一季需要做哪些事情，全部列出来，如此再推出每一个月需要做哪些事情。假设你没有办法有一个全年的"个人清单"你至少从现在开始必须要有每个月的"月清单"，并且在前一天晚上把第二天要做的事情列出来。记住，你永远没有时间做每一件事情，但你永远有时间做对你最重要的事情。当你列出来之后，把优先顺序排好，并且设定完成期限，这时你就已经迈向成功之路了。

3. 自己的目标和价值观要吻合

每个人都应该明确自己的价值观，假如你的价值观不甚明确，你就很难明白什么东西对你而言是最重要的。当价值观不明确的时候，你时间的分配很难做好。所以你一定要找一个时间考虑一下，什么对你才是最重要的，是健康，是事业，是家庭，还是朋友？把它们分配好。请记住，"时间管理"的重点在于如何分配时间。

4. 每天都要为自己创造一段"不被干扰的时间"

如果你每天抽出一段时间来，能够完全不被任何人所打扰，把自己关在房间里面，思考一些重要的事情，或是做一些你认为重要的事情，那这段时间所想和所做的，将会抵得上你一天的做事效率。因此，应该让自己每天都有一段不被干扰的时间，这段全身心投入的时间，将会是你创造最大价值的关键时间。这段时间，最好设定为一个小时，因为一般来说，大多数人需要花二十分钟才能让自己的头脑冷静下来，心定下来。假设只有三十分钟，效率并不会太好。所以给自己一个小时的不被干扰的时间是非常有效的方法。

5. 开始试着把所有的事情都做对

任何一件事情，在开始做的时候，就试图把它做到最好，这样你就不必重复地去做同一件事情，避免了浪费时间和精力，也避免了做无用功。在做事情的时候，如果在最初的时候，就竭尽全力，力求把事情做到最好，这样容易养成一种严谨的工作态度。如果能够做到这一点，那在日后的工作或生活中，就能够让自己变得自信和严谨。

6. 给自己写"时间日志"

你花了多长时间在某件事情上，把它们详细记录下来。记录下来自己每天做了些什么，每天实现了哪些目标。你会发现，自己在不经意间每天都会浪费不少的时间。能够发现这一点，就能够让你更加合理地利用好自己的时间。

总之，我们要学会制订时间计划，小到每天的安排，大到一生的安排，有效地利用时间，这样才会有意想不到的收获。

时间是挤出来的，学会利用零碎和闲暇的时间

时间是每个人与生俱来的一笔财富。管理好了生命当中的零碎时间，我们就能拥有更多的时间！

所谓零碎时间，主要是说工作的间歇、用餐时间、上班或下班路上的时间等。虽然在零碎时间里，我们基本无法完成什么重要的事情，但如果将这些零散时间白白地浪费掉又未免太可惜了，因此我们应将这些零散的时间有效地利用，这样就会节约很多时间。

古往今来，一切有成就的学问家都善于利用零碎时间。达尔文说："我从来不认为半小时是微不足道的。""完成工作的方法是爱惜每一分钟……"宋代文学家欧阳修认为："余平生所作文章，多在三上：马上、枕上、厕上。"著名数学家苏步青说："别看时间零碎，分分秒秒的时间好比'零头布'，只要充分利用，能做不少事呢。"把零星时间利用起来就会多出许多时间。懂得利用零碎时间的人，可以使最短的时间发挥出最大的效率。

东汉学者董遇，幼时双亲去世，他好学不倦，利用一切可以利用的时间来学习。他曾经说："我是利用'三余'来学习的。""三余"，即冬闲、晚上、阴雨天不能外出劳作的时候。这样日积月累，董遇终有所成。

其实，每个人一天的时间都一样，但是善于利用零碎时间的人，就能得到更多的时间和益处。如果你可以做到把每一点零散时间都充分利用，用来做一些小工作，譬如一些零散的工作，那么积少成多也可以做很多事情的。

古往今来，许多有成就的人都非常注重零散时间的价值，达尔文就是其中之一。

有一天，生病的达尔文坐在藤椅上晒太阳，面容憔悴，精神不振。一个年轻人路过达尔文的面前。当他知道面前这个衰弱的老人就是写了著名的《物种起源》等作品的达尔文时，不禁惊异地问道："达尔文先生，您身体这样衰弱，常常生病，怎么还能做出那么多事情呢？"达尔文回答说："我从来不认为半小时是微不足道的。"

许多人往往认为那些零散的时间没什么用处，其实这些时间看似很少，但集腋能成裘，几分钟几钞钟的时间，看起来微不足道，但汇合在一起就能使人大有可为。

鲁迅先生说过，时间就像海绵里的水，只要挤就会有。大段时间固然应该珍惜，零星时间也绝不能白白浪费。大凡有所成就的人都善于利用零碎的时间。

20世纪初叶，数学界曾经出现过一道非常叫人头疼的难题，那就是2的267次方减1到底是质数还是合数。这是一个数论的题目，虽然它的知名度远不如"哥德巴赫猜想"，但是破解它的难度却一点也不逊于后者，所有从事数论研究的数学家在做出种种尝试后，全都无功而返。

出人意料的是，德国有一个叫科尔的数学家成功地攻克了这个数学难题。1903年，数学家科尔在美国纽约的一个学术报告会上，上演了这样一个小小的插曲：他走上讲台，拿起粉笔，一言不发，在黑板上做着长长的计算。

算呀算呀，算出一个结果：

$2^{267}-1=147\ 573\ 952\ 589\ 676\ 412\ 927$。

然后又算呀算呀，又算出一个结果：

$193\ 707\ 721 \times 761\ 838\ 257\ 287=147\ 573\ 952\ 589\ 676\ 412\ 927$。

两次计算的结果完全相同，他一句话都没有说，就回到了自己的座位上，全场顿时响起雷鸣般的掌声。如今这个不说话的报告已经成为数学史上的一段佳话。

台上的人只计算不做任何解释，台下的人不提任何问题，却能完全互相了解，共享成功的喜悦。这究竟是怎么一回事呢？

原来，科尔的计算就是在报告他关于质数研究的结果。他的计算表明，$2^{267}-1$不是质数，因为它可以分解成两个大于1的自然数的乘积。

不是质数的自然数有太多太多了，而且大部分自然数都是合数。为什么证明了$2^{267}-1$不是质数就要祝贺呢？

这是因为$2^{267}-1$属于一类著名的数，叫作"梅森数"。梅森是法国数学家，他研究过形如2^P-1的数，其中p是质数，后来人们称这类数为梅森数。梅森证明了，当p=2，3，5，7，13，17，19，31时，对应的8个梅森数都是质数。由此猜想，在梅森数中出现质数的机会可能比较多。人们要寻找更大的新质数，往往就到梅森数里去淘金。在1903年科尔报告之前，当时的数学家们还指望$2^{267}-1$可能被确定是一个大的质数。科尔通过板演，告诉他的同行们，$2^{267}-1$不是质数，是一个有21位的合数，不必再为它耗费时间做大量计算了。科尔还具体求出这个大合数的两个质因数，其中一个是9位，另一个是12位数。在当时还没有电子计算器，更没有电子计算机，完全靠手算得出这样的结果，非常不容易。所以会赢来热烈的掌声。

一道搁置多年的难题终于解开了，这在数学界引起了不小的震动。但令人吃惊的是，科尔并不是专门研究数论的数学家，研究数论只是他的业余爱好罢了。

在学术报告会后，有个记者采访科尔："您论证这个课题前后共花了多少时间？"

科尔回答："三年内的全部星期天。"

"三年内的全部星期天。"多么让人震惊的回答！正是"星期天"这段人人皆有的业余时间，被科尔化零为整，充分利用起来，从而成就了一位卓越的数学家。类似科尔这样在业余时间内刻苦努力，从而在历史上创造了灿烂辉煌成就的人不胜枚举。

无独有偶，在北京，有一位一直在基层从事政工工作的普通干部，他在国家许多知名刊物上发表了5000多篇颇有影响力的作品。一位文学青年问他："你写了这么多作品，花了多少时间？"

他回答说："20多年来的全部星期天。"

上面的事例告诉我们，任何业余时间都不可不在乎，用得好的人，就像过龙门的鱼，奔向更广阔的天地，创造更喜人的成绩。

真正的成大事者善于化整为零。在我们的生活中，常常有一些零碎和闲暇的时间，它们看起来很不起眼，只有十分钟、八分钟，但日久天长，积累起来却是一个十分可观的数字。如果把他们积累起来好好利用的话，肯定会有很大的收获。

迈克是某公司的销售总监，他善于利用一切琐碎的空余时间。即使在等红绿灯或堵车时，他也会拿出客户的资料看看，以加深印象。由于工作繁忙，他要经常到外地出差，所以他有很多时间是在飞机上度过的。迈克相信和客户维持良好的关系是很重要的，所以他常常利用飞机上的时间写短信给他们。有一次，一位同机的旅客在等候提领行李时和他攀谈说："我在飞机上注意到你，在2小时48分钟里，你一直在写短信，我敢说你的老板一定以你为荣。"迈克笑着说："是的，我的老板很赏识我。正是因为我能有效地利用时间，才从一名普通的职员提升为销售总监。"

可见，一个善于利用零碎时间的人，一定是一个高效的执行者。成功者都善于将零碎的时间有效地运用起来，从而最大限度地提高效率。充分利用零碎时间，短期内也许没有什么明显的变化，但长年累月，将会有惊人的成效。

总之，时间是最稀有的资源，善于利用零碎时间就相当于创造了新的时间。好好利用你的零碎时间，这是通向高效的捷径。

拒绝拖延，今日事今日毕

许多人总是习惯把事情拖到"最后一分钟"才去做，认为这样可以逼自己集中精力，最大限度地提高自己的做事效率。殊不知，这种做法常会给我们带来麻烦和损失。

拖延是对时间的挥霍。任何憧憬、理想和计划，都可能在拖延中落空。因此，我们必须在有限的时间内，抓紧每一分每一秒的时间行动，绝不拖延。

有这样一个小故事：

一位年轻的女士即将当妈妈了，她打算为即将出世的孩子织一身最漂亮的毛衣毛裤。她在老公的陪同下买回一些颜色漂亮的毛线，可是她却迟迟没有动手。有时想拿起那些毛线编织时，她会告诉自己："现在先看一会儿电视吧，等一会儿再织。"等到她说的"一会儿"过去之后，可能老公快要下班回家了。于是她又把这件事情拖到明天，原因是"要给老公做晚饭"。等到孩子快要出生了，那些毛线还像新买回的那样放在柜子里。老公因为心疼老婆，所以也并不催她。后来，婆婆看到那些毛线，告诉儿媳不如自己替她织吧，可是儿媳却表示一定要自己亲手织给孩子。只不过她现在又改变了主意，想等孩子生下来之后再织，她还说："如果是女孩子，我就织一件漂亮的毛裙，如果是男孩就织毛衣毛裤，上面一定要有漂亮的卡通图案。"

孩子生下来了，是个漂亮的男孩。在初为人母的忙忙碌碌中孩子一天一天地渐渐长大。很快孩子就一岁了，可是她的毛衣毛裤还没有开始织。后米，这位年轻的母亲发现，当初买的毛线已经不够给孩子织一身衣服了，于是打算只给他织一件毛衣，不过打算归打算，动手的日子却被一拖再拖。

当孩子两岁时，毛衣还没有织。

当孩子三岁时，母亲想，也许那团毛线只够给孩子织一件毛背心了，可是毛背心始终没有织成。

······

渐渐地，这位母亲已经想不起来这些毛线了。

孩子开始上小学了，一天孩子在翻找东西时，发现了这些毛线。孩子说真好看，可惜毛线被虫子蛀蚀了，便问妈妈这些毛线是干什么用的。此时妈妈才又想起自己曾经憧憬的、漂亮的、带有卡通图案的花毛衣。

可见，拖延让人一无所获，是对宝贵生命的一种无端浪费。这样的行为在我们的生活和工作中不断出现，如果把你一天的时间记录下来，你会发现，拖延不知不觉地消耗掉了你大部分的时间。

拖延是一种恶习，是一种可以得到改善的坏习惯。这个坏习惯，并不能使问题消失或者使解决问题变得容易起来，而只会制造问题，给生活和工作造成严重的危害。

事实上，拖延具有破坏性，也是危险的恶习，它能使人丧失进取心。一旦遇事开始推脱，就很容易再次拖延，直到变成一种根深蒂固的习惯性的拖延。假如你想谋取事业的成功，那么你就必须改掉拖延的恶习。

在《财富》最近推出的全球最有影响力商业人士名单中，埃克森·美孚石油公司董事会主席兼总裁李·雷蒙德名列第六。

有人说，李·雷蒙德是工业史上绝顶聪明的总裁之一，是洛克菲勒之后最成功的石油公司总裁，因为没有人能够像他一样，令一家超级公司的股息连续21年不断攀升，并且成为世界上最会赚钱的一家公司之一。

李·雷蒙德的信条就是：绝不拖延。在他的影响下，这一信条已经成为他所在公司秉持的理念之一。埃克森·美孚石油公司跃升为全球利润最高的公司，一方面有着埃克森公司和美孚公司携手的因素，另一方面更是因为它拥有一支绝不拖延的员工队伍。李·雷蒙德的一位下属曾经这样解释这一理念：拖延时间常常是少数员工逃避现实、自欺欺人的表现。然而，无论我们是否在拖延时间，我们的工作都必须由我们自己去完成。通过暂时逃避现实，从暂时的遗忘中获得片刻的轻松，这并不是根本的解决问题之道。要知道，因为拖延或者其他因素而导致工作业绩下滑的员工，是公司裁员的重点对象。必须记住的是，没有什么人会为我们承担拖延的损失，拖延的后果只有我们自己来承担。如此一来，我们就可能在一个庞大的公司里，创造出每一个员工都不拖延哪怕半秒钟时间的奇迹。

改变拖延首先要正视拖延。拖延不可否认是一种对我们有害的坏习惯。不要轻视这种习惯，有人认为坏习惯可以轻而易举地克服，所以就姑息它。坏习惯就像一棵长弯了的小树，你不可能一下子就把它弄直。它不是一朝一夕能纠正的，这需要几个月，甚至几年的时间。

我们应该对自己平时的习惯做深刻的检讨，把那些妨碍高效的恶习一一找出来，如萎靡不振、马马虎虎、得过且过等，要勇于承认自己身上的这些不良习惯，不要找借口搪塞。把它们记下来，对照它们带来的可怕后果，想想今后应该怎么做。若能持之以恒地纠正它们，就一定会改掉拖延的恶习。

下面介绍几个有效办法，帮你对付拖拉的习惯：

1. 有效地管理时间

我们要找出什么样的日程工具是最适合我们自己的，并且为我们每天要做的事情设定清晰的优先度。在头脑中对上面的这些问题有一个认识，我们需要组织我们每一天的生活和工作，处理拖延问题，这样每天结束的时候，我们就知道明天开始的是崭新的旅程，而不是忙于去解决那些我们今天不想做的事情！

2. 做到"今日事，今日毕"

不论你今天有多累，不论你明天的时间有多充足，不论你有多少理由，假如你想尽快改掉自己做事拖延、不能立即行动的恶习，那就每天为自己列个事情明细单，要求自己做到"今日事，今日毕"。绝不要为自己找各种各样的借口，拖拉只会让你待处理的事情变得越来越多，身心越来越疲惫。

3. 用好习惯采取代拖沓的坏习惯

许多人的拖沓已经成了习惯。对于这些人，要完成一项任务的一切理由都不足以使他们放弃这种消极的工作模式。如果你有这个毛病，你就要重新训练自己，用好习惯取代拖沓的坏习惯。每当你发现自己又有拖沓的倾向时，静下心来想一想确定你的行动方向，然后再给自己提一个问题："我最快能在什么时候完成这个任务？"定出一个最后期限，然后努力完成。渐渐地，你的工作模式会发生变化。

超级自控力

——如何进行有效的自我管理

第八章　意志坚定，
做内心强大的自己

克己自制，有效地约束自己

什么叫克己自制？用马克·吐温的一句话来解释就是："关键在于每天去做一点自己心里并不愿意做的事情，这样，你便不会为那些真正需要你完成的任务而感到痛苦，这就是养成自觉习惯的黄金定律。"简单来说，也就是一个人为执行某种目的或任务而控制自己的情绪、约束自己言行的能力。它是一种可贵的意志品质，是一个人在事业上取得成功的重要条件。

14世纪的比利时，有一位名叫罗纳德三世的贵族，他才智过人，是祖传封地的正统公爵，但后来被弟弟推翻并被关押在牢房里。他的弟弟认为留他活口对自己而言无疑是件麻烦事，但又不想亲手杀死哥哥，于是便想出了一个绝妙的办法。

弟弟在将罗纳德三世关进牢房之后，下令将原来的牢门改装得比以前窄一些，还下令守门人把锁撤掉。为什么要这么做呢？门没上锁，难道他不怕哥哥逃走？原来，罗纳德三世身高体胖，当牢门变窄了之后，就算不上锁，他也出不了牢门，无法脱逃。

除此之外，弟弟还向哥哥承诺，只要他能够走出牢房，那么不但能够重获自由，还可以无条件地恢复原来的爵位。

这听起来很冒险吧？但是弟弟对于这个绝妙好计可是相当有把握的。

在改了牢门，拆了门锁之后，弟弟每天都会派人送上丰盛的美味佳肴给哥哥享用。罗纳德三世虽然明明知道只要自己能瘦下来，自由就在不远处。但是，知道是一回事，执行又是另一回事，罗纳德三世根本禁不住美味的诱惑，每天仍旧大吃大喝，结果非但没有瘦下来，体重反而变本加厉地直线上升。最后，他被困死在牢门没有锁的牢房里。

可以说，故事中的罗纳德三世是被自己害死的，死因是缺乏自制。生活中，如果我们也缺乏自制能力，任由坏习惯操控自己，就可能也将自己变成牢房中的囚徒。

自制力是自我管理的一种能力，对人的一生有着重要影响。但丁曾经说过："测量一个人的力量大小，应看他的自制力如何。"生活中，人们会碰到许多诱惑，自制力弱的人往往不知不觉陷入其中；而自制力强的人能控制自己做出有利于自己和符合社会需要的行动。古今中外成大事者，无不拥有自制的品格。

很久以前，有个叫张生的生意人，和同乡去洛阳做生意。

当时正是夏天，天气非常炎热，大伙顶着火辣辣的太阳走在路上，一个个全都汗流浃背。正当大家觉得疲惫不堪时，有个旅伴喊道："你们快看啊，前面有一棵大梨树。"大家一听，精神为之一振，立即朝那人指的方向看去。果然，在前面不远的路旁，有一棵枝叶茂密、结满了大黄梨的梨树。于是大家都朝那棵梨树跑了过去。旅伴们站在树底下，有的摘，有的吃，闹闹嚷嚷地吵叫成一片。

张生虽然也饥渴难忍，但他始终没有动树上的一个梨，而是独自在树荫下坐了下来。

一个和他关系非常要好的同乡对他说："你还愣着干什么？这梨又

甜又脆，还不赶紧摘几个解解暑气？”

张生摇了摇头，非常认真地回答道：“不行，梨的主人没在这儿，哪能这样随便吃人家的东西呢？”

听了张生的这一番话，周围的人都感到好笑，有一个人讥笑他道：“这大热的天，连个人影都没有，还找什么主人啊？”

听了同乡们的讥笑，张生用手指了指自己的胸口，态度很是诚恳地说：“梨虽然没有主人，难道我自己的心也没有主人吗？”同乡们听了，顿时哑口无言。

自制力强的人善于克制自己的欲望，善于律己，绝不做欲望的奴隶。德国诗人歌德说：“谁若游戏人生，他就一事无成，不能主宰自己，永远是一个奴隶。”一个人要主宰自己，就必须对自己有所约束，有所克制。因为毫无节制的活动，无论属于什么性质，最后必将一败涂地。无论做任何事情，自制都至关重要。自我节制、自我约束是一种控制能力，尤其能控制人们的性格和欲望，一旦失控，随心所欲，结局必将一败涂地，不可收拾。

文思·隆巴第是美国橄榄球史上一位了不起的教练，在他精心的调教下，美国绿湾橄榄球队取得了令人难以置信的惊人成绩。

文思·隆巴第告诉他的球员：“我只要求一件事，那就是一定要取得比赛的胜利。如果不把目标定在非赢不可上，那比赛就没有丝毫的意义。你们要跟我一起工作，除了照顾好你们自己、你们的家庭和球队之外，你们必须克制自己，抗拒其他的一切诱惑。”

不仅如此，他还告诫球员，除了控制好自己，比赛时还要不顾一切地去得分，不必理会任何人的阻拦。无论面前是一辆战车还是一堵墙，无论对方有多勇猛，你都不能止步不前，也不能让这些阻挡你得分。

正是这种高度的自制力，才使绿湾橄榄球队的队员拥有了人人啧啧称奇的顽强战斗力。在比赛中，队员们消除了一切私心杂念，在他们的眼中只有胜利。为了夺取胜利，他们暂时抛下一切，专心一致奋勇向前。每个人都希望自己在别人眼中是优秀的，如果优秀是我们的目标，那么我们便不能随心所欲、感情用事，必须对自己的言行有所克制，这样才能减少自己犯错的概率，不致铸成大错。

自制力强的人能够控制、支配自己的行动，并能自觉地调节自己的行为。高尔基曾经说过："哪怕是对自己的一点儿小的克制，也会使人变得强而有力。"要主宰自己的命运，必须对自己有所约束、有所克制。如果缺乏自制力，就像汽车缺少了方向盘和刹车，很难避免犯规、闯祸，甚至会发生撞车、翻车等意外。想要避免意外的发生，最基本的做法当然就是培养自制力。

自制是一个成功者的基本素质。没有自制力的人，是无法取得成功的。因为自制力是取得成功的基石，不管是对普通人还是对王公贵族都是一样的，没有了自制力，就不能控制自己的言行，也就谈不上成功了。

磨砺坚强的意志，塑造成功的人生

坚强的意志是一种十分可贵的品格，是一种优良的心理品质，是战胜困难、克服弱点、取得事业成功的一把利剑。

人的意志是在强大的信念支持下而产生的精神动力。我们说意志是一种内心的、精神的、信念的品质，因为一个具有坚定意志的人并没有什么外在的特征，外表上看起来不会与其他人有太大的不同，但是遇到困难，乃至绝境的时候，意志坚强的人却会从大多数人中脱颖而出。真正坚定的意志是一种稳定不易的、可靠的、永远都可以指望的精神力量。

在美国，有这样一个人——他到3岁才学会说话。就在家人为这个孩子能说话而感到欣喜后不久，一场灾祸发生了：他在横穿马路时被车撞飞，妈妈眼睁睁看着他头部着地，结果他只是轻微脑震荡，缝了几针就没事了。可是，从此以后，各种疾病接踵而至，和他如影随形。麻疹、水痘、肺炎、湿疹、哮喘、皮疹、扁桃腺肥大……一种病接着另一种病，虽然不至于丧命，但要一个孩子整天同病魔做斗争，惨痛也是可想而知的。他至今还清楚地记得自己10岁那年面瘫的事。他本准备刷完牙去参加节日游行，可在刷牙的时候，他的半边脸突然提不起来了。他非常想去参加游行，但只能再一次被妈妈送往医院。在去医院的路上，他问妈妈："妈妈，真的有上帝吗？"妈妈说："当然有了。"他说："那上帝为什么对我这么残忍，让我总是和医生打交道？"妈妈抱着他的头，对他说："孩子，不是上帝残忍，他也许是在考验你，把你磨炼得无比强大。"

一个10岁的孩子因为疾病，过早地懂事了，也过早地学会了坚强。因为面瘫，他不得不接受脊椎穿刺手术。其实也就是抽骨髓。别说一个孩子，就是成人也难以忍受手术所带来的剧痛。医生把一根针扎进他脊椎里。他疼得大喊大叫，但却没有丝毫挣扎，没有对医生说："太疼了，我不做了。"做完脊椎穿刺，两周过后，面瘫的症状消失了。但是，不幸并没有放过这个坚强的孩子。面瘫治好后，本来说话就晚的他说话又有些口齿不清。每次他张嘴说话，别人都弄不明白他想表达什么。甚至在家里，也只有和他朝夕相处的哥哥达柳斯能完全明白他想表达什么意思，连妈妈偶尔也需要达柳斯的"翻译"。为此他不得不又去令他深恶痛绝的医院，还去上演讲课。直到上高中，他在众人面前发言，才不再有障碍。

多病的童年留给他的是痛苦的记忆，但这个体弱多病的孩子却喜欢打篮球。尽管在篮球场上经常被别人碰倒在地，常常伤痕累累，但他却对篮球永远充满激情。他觉得在篮球场上，自己能强壮起来。由于他的身体实在太弱，没有谁愿意带他打篮球，只有哥哥愿意和他一起打篮球。贫困的家里没有篮球场，也没有篮球架。哥俩把一个装牛奶的板条箱固定在一根电线杆上，用铁棍捏了一个篮球圈。这就足够了，哥俩日复一日、年复一年地在自家后面的小巷子里追逐着篮球，也追逐着梦想。他的身体越来越强壮，篮球技术也越来越高，高中时，就收到了俄亥俄州立大学提前录取的通知。而在2009年的大学联赛中，他有场均20.3分、9.2个篮板和5.9次助攻的优良表现。

谁能想到这个被多种病魔缠过身的孩子竟真的变成了一个强壮有力的巨人。2011年夏天，有众多年轻人参加的美国NBA选秀大会上，他以榜眼的身份被费城76人队选中，签订了价值1200万美元的合同。这也是NBA规定的榜眼所能签订的最大合同。专家们对他的评价是：综合能力极强，融合了天赋、身材、爆发力、篮球智商、篮球大局意识的优秀球员。而此时的他身高1.97米，体重95千克，臂展2.03米，原地摸高2.7米。在接受记者采访时，他说："别人的人生满是故事，而我的人生却满是事故。不过，我不埋怨。我和妈妈想的一样，那些疾病，只不过是命运的考验，只为把我磨炼得强大。我反而要感谢它们。"

说到这里，相信喜欢看NBA的朋友都猜到他是谁了，没错，他就是埃文·特纳。

　　树立不被残酷现实打倒的信念，是埃文·特纳成功的原因，因为他活在自己坚定的意志中，用坚定的行动力证明，他不会被命运击倒，他不但坚强地活了下来，还实现了理想。

　　坚强意志是人克服困难、获得成功的必要条件。人一旦有了坚强的意志，就能操纵自己的思想，控制自己的行为。

　　坚强的意志对于人生有着极大的作用。莎士比亚曾说过："我们的身体就像一个园圃，我们的意志就是这园圃的园丁。无论我们插荨麻，种莴苣，栽下牛膝草，拔起百里香，或者单独培育一种草木，或者把全国种得万卉纷呈，或者让它荒废也好，或者把它辛勤耕耘也好，那权利都在于我们的意志。"这也从某种角度说明了人生需要坚强的意志。

　　约翰·库缇斯出生在澳大利亚一个平民家庭。他出生时只有矿泉水瓶那么大，脊椎以下没有发育，双腿像青蛙腿那样细小，而且没有肛门。经过手术，他也只能痛苦地排便，医生断言他活不过当天。但是，他挣扎着活了下来。医生再次断言他活不过一个星期，可是一个星期后他仍然活着。一个月后，一年后，他依然活着，一次又一次地打破了医生的预言。如今，尽管羸弱无比，时刻面临死亡，但他已经成为世界上最著名的励志大师之一。

　　面对残酷的人生，面对真实的生活，他从很小的时候起，就开始承受常人难以理解的磨难。

　　在18岁时，他决定将自己不能发挥作用的双腿截掉，这样他就成了真正的半个人。后来，他学会了用双手走路。他笑着说，自己看得最多的风景就是各种各样的腿、鞋子和女孩的裙子。

　　尽管有人对他说，没有人会责怪他什么也不做，但是，他下决心成为一个自食其力的人。他认为懒惰并不是他的强项，他要发挥自己的优势生存。他几乎趴在滑板上开始找工作。他大概敲开了数千家店门，尽管有的人打开门以后都没有发现趴在滑板上的他，但他最终还是找到了工作。他终于能够自食其力。

尽管失去了双腿，他仍然决心成为一名运动健将。他开始出现在室内板球俱乐部里，并成为举重场上的运动员。他的命运开始改变。1994年，他成为澳大利亚残疾人网球赛的冠军，对于所有的嘲笑和侮辱，约翰·库缇斯用骄人的成绩做了回击。

一次偶然的机会，一场公众演讲彻底改变了他的人生。他开始到讲台上去讲述自己的人生经验，讲述自己的拼搏和挣扎，给他人以启迪。一次，他问自己的听众："有多少人不喜欢自己的鞋子？"听众中举起了一堆手臂。他的眼神变得锐利，语气变得严肃，他举起自己的红色橡胶手套，说："这就是我的鞋子，有谁愿意和我换？就算我拥有全世界的财富，我也舍得和你换。现在，你们谁还抱怨自己的鞋子呢？"

30岁时，约翰·库缇斯再度遭受了残酷的打击。他罹患癌症，又一次面临死亡的考验。但是，他从未对生活失去信心，坚持和病魔进行顽强的抗争。2000年，他再一次战胜了死神，进入癌症痊愈者的行列。如今，他已经拥有一个美满的家庭，拥有了太太和儿子。

人生道路，到处布满了荆棘，有着各种各样的挫折。好比小树要经历许多风雨的洗礼才能长成高大挺拔的大树，雄鹰要穿越无数次迷雾浓云的阻拦，才能练就搏击长空的翅膀，我们只有磨炼出坚强的意志，才能战胜前进道路上的种种困难，才能成为生活的强者。

巴尔扎克说过："没有伟大意志力，便没有雄才大略。"古往今来，无数事实证明：若想要站在人生成功的彼岸，就得学会经受困苦，经历磨炼生命才能变得坚韧。人生之不如意十之八九，然沧海横流方显英雄本色。让我们直面生命中的艰难困苦，练就我们坚强的意志来铸就成功的人生吧！

勇于克服困难，才做得了强者

生活中，常会遇到许多意想不到的困难和挫折，艰难险阻是人生对我们的另一种形式的馈赠，困难挫折也是对我们意志的磨炼和考验。面对挫折和压力，我们要勇敢地去面对，从挫折中汲取教训。

卡洛斯在一家很大的跨国公司任职，年轻有为的他30岁时就已经做到了部门经理助理的职位。忽然一天，总经理叫他到办公室，宣布将他调到国外的分公司去任职，而且在这次调令发布前毫无迹象可寻。

公司总经理还半真半假地对他说："如果不是因为你能力出众，公司是不会派你到下边分公司任职的，希望你能够充分施展自己的才华，帮助分公司提高一下工作效率，多为总公司创造效益。"卡洛斯听了这些话一时没有反应，因为他十分了解国外那个分公司的情况：那个国家经济落后，分公司刚成立不久，管理混乱，目前一直在亏损，仅凭自己一己之力很难保证会使大局改观。卡洛斯心想：公司为什么会选中我呢？自己的工作刚刚有了一点起色就被调离，是因为自己在工作中出现了失误，还是有人背后搞鬼。况且这一去就是三年，自己的家庭是否还能保持原状……

很快，卡洛斯就从不安中清醒过来。他知道目前总经理的决定是不可能改变的，与其退缩就意味着自己放弃了这份工作，不如勇敢面对这个现实吧。自己毕竟有了几年在总公司的工作经验，现在也正是考验自己能否独当一面的机会。想到这里，他从容地接受了这个任命。

到了分公司后，一切果然如卡洛斯所料，那里人浮于事，效率低下，员工大都抱着混日子的态度。到任后的卡洛斯利用在总公司学到的管理经验，向分公司的员工传达了一个信息，那就是：这个分公司是总公司非常重视的一个部门，是绝对不会撤销的，而且总公司为此制订了长期的发展计划和奖励制度。这样一来，分公司的军心得到了稳定，员工们都把心思转到了积极工作上来，不到两年时间，公司就扭转了亏损的局面。

三年的任期很快满了，卡洛斯由于出色的工作得到了总经理的肯定，调回到总公司后很快就成了公司历史上最年轻的副总经理。

检验一个人的意志力最好是在他处于困境的时候。一个把困难看作垫脚石的人，会从困难中体会到快乐和幸福；而一个把困难看作绊脚石的人，只会从困难中体会到悲哀和失败。

在生活中，我们首先应该摆正心态，既要有足够的信心去面对新的挑战，又要做好面对困难的心理准备。即便在生活中遇到了挫折，也不能被困难吓倒，而要把挫折当作历练自己的机会。如果你认为自己仍屹立不倒，那你就会真的屹立不倒；如果你想赢，但又认为自己没有实力，那你一定不会赢；如果你认为自己会失败，那你必败无疑；如果你自惭形秽，那你就不会成为一个强者。

太阳锅巴的创始人、西安太阳食品集团总经理李照森饱尝了经营的酸甜苦辣。

1984年，李照森在吃川菜"鱿鱼锅巴"时突发奇想，他想，把只能在饭桌上享用的锅巴变成人们手中随时可取的小食品该有多好，于是便开发出了"太阳锅巴"。"太阳锅巴"一问世便受到消费者的青睐，一时间供不应求。自1990年8月开始，月产量达到3000吨。

太阳集团像辉煌的太阳一样冉冉升起了。春风得意的李照森万万没有想到危机和灾难马上就要降临。

11月4日，李照森结束出国考察回到厂里，一看傻眼了：锅巴积压了20万箱约1500吨，厂里从库房到院子到处堆满了积压的产品。突如其来的积压使李照森慌了手脚，此时他做出了一个错误判断：锅巴卖不动的原因在于市场上假冒产品的冲击。由于假"太阳锅巴"质量低劣，大家连真的"太阳锅巴"也不敢吃了。于是他开始打击假冒伪劣锅巴。

李照森采取的第一项措施是降价销售，使假冒商品无利可图而退出市场。但效果却不明显。

第二项措施是从内部治假。

第三项措施，通过新闻媒介大力曝光，唤起消息者警惕假冒伪劣商品的意识。

第四项措施，在包装上加上防伪标记。

所有努力都无济于事，1991年销售额从1990年的1.5亿元一下子降到5000万元。

可想而知，李照林作为总经理，失败的压力有多大，但他没有退却。他组织厂里几十人，买了专车，配备了步话机，一套人马在西安城没黑没白地打了一年假，有时还动员了市里政法部门的力量和企业一起打假。钱花了不少，"太阳锅巴"落山的趋势仍没改变。1993年竟亏损700万元。

厂里许多职工和干部泄气了，认为末日已经来临。但是李照森没有灰心，也没有听之任之，更没有打退堂鼓。李照森是一个善于对自己的经营进行总结，并上升到一定理论高度的企业家。

李照森和他的领导班子对失败的原因进行了深刻的反思。他们发现了一个规律：10月份开始是锅巴销售的淡季。他们也认识到把产品积压的原因归于假冒伪劣产品的冲击是错误的。

失败并不可怕，只要能从失败中站起来就不是失败。李照森决定一切从头开始，从谷底起步。他开始寻找新的"亮点"，重新开发新产品。

1994年，太阳集团又选择了最容易下手的方便面作为突破的重点，生产了"三高面"，但又失败了，净赔120万元。

1994年11月，突破重点又转到婴儿营养品"助哺宝"。但由于已无钱支付大额广告费，李照森只能放弃，只能认赔。

实践证明：到处撒芝麻盐是走不通的。市场总是要打，李照森又想起了虽日落西山，却余威不减的"太阳锅巴"，他决心重新开张，在哪里跌倒就在哪里爬起来。

1995年初，经过新策划、新包装，太阳集团决定首先拿出200万元打开天津锅巴市场，成功后再开辟上海市场。4月，锅巴在天津卷土重来，正赶上世乒赛的良机，"太阳锅巴"又火遍津城。可好景不长，11月份来临，广告一停，锅巴市场又陷入萧条，李照森只得又放弃了。

如果我们对失败有了正确的认识，而且对失败采取了正确的态度，那么，我们就不会被失败所打倒，屡经失败而不悔的坚强毅力也就自然产生了。

东方不亮西方亮。太阳集团的产品"八珍牛肉甜辣酱"近几年销售相当不错。李照森多年积累的经验使他认识到，甜辣酱很有出路，前景看好。

吸收"太阳锅巴"的教训，李照森认为"八珍牛肉甜辣酱"名字应该改。经过反复筛选、推敲，最后起了一个既有传统文化底蕴，又有民族特点的名字"阿香婆"，这个名字暗示着李照森将要成功，从"多年的媳妇熬成婆"。

阿香婆一上市就在京津地区市场畅销起来。到现在"阿香婆"仍攻势不减，不知道和没吃过"阿香婆"的人恐怕不多。1996年1至7月份，太阳集团还亏损690万元，8月份扭亏为盈400万元，9月份创利税近千万元，10月份利税达1500万元。

屡败屡战的李照森承受了一次又一次失败带来的压力，从"太阳锅巴"到"阿香婆"，他既学会了开拓市场，也学会了运作和驾驭市场。

困难是磨炼一个人意志力的最好机会。从困难中，你可以学到通常情况下难以接触到的东西，让自己逐渐变得成熟而勇敢。所以，面对困难，我们一定要鼓足勇气，坚定信心，绝不轻言后退。只有勇敢地战胜困难，我们才能赢得事业的成功。

通往成功的道路上不会一帆风顺，一定会遇到各种各样的困难。无论遇到天灾人祸，还是在大风大浪中，我们都应坚定必胜的信心，绝不向困难妥协、低头。"困难像弹簧，你强它就弱，你弱它就强。""战胜困难，往往是在坚持一下的努力之中。"这些都是成功者心态的真实写照。

不怕失败，勇于承受失败的打击

人的一生难免会遇到很多困难和挫折，遭受很多打击。遇到这些挫折本身并不可怕，关键在于你自己。当你遭受挫折、遇到困难、受到打击却不气馁，那么你才可能取得成功。一个人能有成就并在气质上超过常人，往往正在于其对待失败的态度是正确的。精神上被打败了，那才是真正的一败涂地。

人生之路漫长而且坎坷，因此遭受挫折、遇到困难、遭到打击在所难免，差别只在有人把头破血流不当一回事，有人稍微破皮就灰心丧气。跌倒了还能爬起来，你才有成功的希望。

不管你在什么时候跌倒了，一定要爬起来。人生路上奔走的不止你一个，你跌倒了若不赶快爬起来，不但同行的人会抛下你，后面的人也会超过你，甚至从你身上踩过去。跌倒后只有爬起来，才能继续和他人竞争，和他人比拼！趴在地上是不会有任何机会的，所以一定要爬起来。如果你跌倒了而不想爬起来，那么不但没有人会来扶你一把，而且你还会成为众人唾弃的对象。如果你忍着痛苦要爬起来，那么迟早会得到别人的帮助。那些丧失"爬起来"意志的人，是得不到帮助的。因此，你一定要爬起来。

20世纪60年代，日本九井公司社长到美国去做商业考察，发现美国的超级市场很兴旺。超市集生活日用品于一处，任人选购的销售方式与销售业绩，对他触动很大，他产生了"日本开这种超级市场也一定大有发展前途"的新构想。于是，回国后他立即付诸行动，在经营信用卡的公司六七楼开办了"生活日用品超级市场"，并利用他的全部经营手段经营。然而开办一年多后，不但没有赚到钱，反而亏了大本，赤字3000万日元。

面对这次失败，该社长没有怨天尤人，而是进行了认真反思，从中找出了失败的原因。他发现，开拓新领域必须要谨慎。第一，要懂行。他们原来经营生活日用品不懂行，又经营信用卡业务，因此就吃了大亏。第二，"追二兔者不得一兔"。在他们经营生活日用品时，分出了40名年轻力壮的管理人才，他们原来生意兴旺的信用卡业务受到损失，结果两种经营都没搞好。第三，要选择好经营地点和需求。他的超级市场卖生活日用品，开在六七楼，又没电梯。许多人不愿意为了买一两种蔬菜、鱼肉或日用品而上楼。第四，当发现有问题时，应当立刻"刹车"。该公司在六七楼，经营三个月没有生意，明知是错的决策，社长为面子还独断专行，又在平地另开了两个"生活日用品超级市场"，结果花费越来越大，生意也不好，赤字增大。经过这一番深刻的检讨与反思，他们调整了经营策略，果断退出了他们不熟悉的生活日用品经营业，继续拓展信用卡业务，最终成为日本一家规模庞大的公司。

每个人都会面对不同的失败，失败虽然令人失望，但它同时也能磨炼人的意志，还能让人头脑清醒地接受新的挑战。如果你正视失败，在面对失败时，你要意志顽强，能够经得起失败的挑战，那么你会因为不停地进取而抓住了成功的机遇。

态度决定命运，意志可以改变一切。跌倒之后忍痛爬起来，这是对自己意志的磨炼。当我们有了如钢铁般的意志，便不怕再次跌倒。有时候人的跌倒，心理上的感受和实际上受伤害的程度不一样，因此你一定要爬起来！这样你才会知道，事实上你可以应付这次的跌倒，如果自认起不来，那就是承认了自己是个懦夫，是个弱者。

人都希望自己能成功，惧怕失败，崇尚成功，不想失败，但谁也避免不了失败。古往今来，大多成功者都经历过无数次的失败，可贵的是他们有勇气、有能力从失败中站起身，正确地面对失败。

据统计，美国每天都有上万家小企业倒闭、破产，每天都发生从老板变为乞丐的故事。而戴维斯就是有过这样遭遇的人。

戴维斯20多岁时，血气方刚，凭着青年人的聪明和冲动，办起了自己的第一家公司，经营书刊业。但是他30岁那年，在一桩生意中，被自己最信任的朋友欺骗了，他将自己所有的家当赔得一干二净，连房子也拍卖出去抵债，只得回到乡下母亲的住所中。然而戴维斯并没有放弃，认为自己还有能力重新再来。

又过了两年，戴维斯看准电脑业有很大的发展潜力，于是他经过不懈的努力，又办起了自己的电脑公司，而且规模比前一次还大，生意也比经营书刊业的生意好得多。这时，以前认为他会一蹶不振的人们转变了看法，对这个执着的人表示了极大的钦佩。

然而，天有不测风云，在一次合同担保中，戴维斯的公司卷入了债务纠纷，因被担保者无力偿还债务，戴维斯又一次倾家荡产。年过四十的他再一次遭受了巨大的打击。

人们都以为他这次真的完了，年过四十的他，再也不可能承受这样大的挫折了。然而戴维斯再次让人们刮目相看。他承受住来自各方面的压力，经过两年的学习、准备，他不顾家人亲友的劝阻，再一次办了一个投资代理公司。

在这两年中，他自学了ＭＢＡ的大部分课程，加上多年来的商业经验，他新开的公司一举成名。如今的戴维斯，已经功成名就。他的公司下属的子公司遍布美国，经营业务种类达几十种。

"在哪里跌倒，在哪里爬起来"是勇敢面对失败的一种态度。如果善于总结经验教训，那么在爬起来之后就会很快地摆脱困境。自古成者王侯败者寇，其实成败只不过是一时的结果。人生是个过程，关键在于你追求的过程是否让你感到满意。如果你因为一时的挫折而放弃希望，那么你就永远成了一个失败的人。

现实虽然残酷，但强者从来不害怕。因此，不管你"跌倒"受的伤是轻还是重，只要你不愿爬起来，那么你就会丧失机会，被人看不起，为社会所遗弃，要想能在真正跌倒时爬得起来就要有坚强的意志。人具有能动性，应该在社会实践中总结自己和前人的经验教训，从中获取进退取舍、对答应变的正确方法，主动地遵循事物的规律办事，这样才能应付各种变故。一旦失败，要能够经受住失败的考验，控制住危险和复杂的局面，尽力去维持现状，不能惊慌失措。

失败者往往有这样的心理：一种是由于已经处于败势，转攻为守，因此不敢拼死一搏，害怕再度失败，从而失去了反败为胜的机会。还有一种就是有时失败了却不服输，不冷静地分析失败的原因，急于反败为胜，结果贸然行动，反而招来更大的失败。这都是不能从失败中吸取经验教训的表现。

其实，失败就像一所学校，在这所学校里，它不仅能教会你持有何种心态去看待失败，更主要的是它能时时刻刻提醒你怎样面对失败。那些被认为"失败"的事，并不是永远的失败，只不过是"暂时性的挫折"而已。这种失败可以看作一种幸福，是生活赐予我们的最伟大的"礼物"。因为失败使我们振作起来，使我们最终向着更美好的方向前进。看起来像是"失败"的事，其实却是一只看不见的手，阻挡了错误的路线，并以伟大的智慧促使我们改变方向，向着我们胜利的方向走去。

如果人们把每一次的失败都理解为一种"暂时性的挫折"，并引以为戒的话，失败就不会在人们的意识中成为永远的失败。事实上，每一种"暂时性的挫折"中都存在着一个持久性的大教训，我们能够从中汲取极为宝贵的知识。一般情况下，这种知识只有在失败时才能让我们获得。所有真正聪明的人，其成功往往源于失败的教训。

失败是一种动力，失败能催人自强，使人上进，激发人的斗志等。失败是成功之母，每遇到一次失败，都能迫使失败者重新选择前进的道路。失败一回就意味着成功的到来，失败是强者的起点，弱者的终点，所以我们要坦然面对失败。

失败本身并不可怕，可怕的是失败之后丧失了继续奋斗下去的决心和勇气。所有胜利者，必定是经过千辛万苦和艰苦努力才最终成功的。面对失败，如果能不气馁，继续奋斗，最终必能感受胜利的欢乐。所以，在哪里跌倒，就在哪里爬起来，只有这样，才能使自己的人生更加精彩，才能让自己的一生无怨无悔！

只有经历过地狱般的折磨，才有征服天堂的力量

人生在世，谁都会遇到挫折和失败，它够磨炼一个人的意志，给人以丰富的经验，增强性格的坚韧性和提高其解决问题的能力，引导一个人产生创造性改变，寻找到更好的人生道路。

英国哲学家培根说过："超越自然的奇迹多是在对逆境的征服中出现

的。"人的一生当中会遇到大大小小的挫折和失败，在挫折面前我们要做勇士，而非懦夫，我们要勇敢地站起来，而非一蹶不振。我们要睁开智慧的双眼，而非耷拉着沉重的头颅。要知道没有河床的冲刷，便没有不屈的人格，便没有完整的人生。我们只有把失败和挫折看成成功和胜利的前奏曲，才能在跌倒之后爬起来，满怀信心地继续前进。当我们战胜挫折，克服困难，最后获得成功时，就会领略到最大的喜悦。

失去父亲的那一年，哈伦德还不足5岁，连自己的名字尚拼写不完整，家里的人哭作一团时，他觉得很好玩，因为一时间没有人能顾及他，他可以自由自在地满镇子去疯。

他14岁辍学后回到印第安纳州的农场，上学时他不开心，干农活时仍不开心，在电车上售票时还是不开心，他瘦削的小脸上罩满与年龄不相符的沉重与愁苦。

17岁，他开了一个铁艺铺，生意还未完全做开就不得不宣告倒闭。

18岁，他找到生命中第一个爱的码头，并栖身在此。但不久后的一天，他再回家时，发现房子里的东西被搬迁一空，人也不见了踪影，爱情以迅雷不及掩耳的速度失去，码头从此成荒。

他尝试过卖保险，失败了。

他力争到的一份轮胎推销业务，也失败了。

他学着经营一条渡船，失败了；他试着开一家汽车加油站，也失败了……

他在几乎清一色的尝试与失败中晃到了中年，这个中年人的生命苍白无力到甚至无法从前妻那儿见自己的女儿一面。为了这日思夜想的一面相见，这个落寞的中年男人想到了绑架，绑架自己的女儿。然而，就连这荒唐之举，在他不惜弯下男儿之躯在路边草丛中潜伏守候了十多个小时之后也宣告失败了。

这个几乎被失败判了死刑的人，又晃过了几十年无人知也无人欲知的岁月之后，退休之年，一天，他收到了105美元的社会福利金，他用这点福利金最后开了一家想以此维生的快餐店——肯德基家乡鸡。

随后的快餐史便是一部肯德基史。

所以说，做任何事情要想获得成功，必须得付出代价，而遇到挫折和失败是所付出的代价的一部分。遇到失败或是挫折并不可怕，关键的是你如何对待挫折，不能一遇到挫折就心灰意懒。古人云："天欲降大任于斯人也，必先苦其心志，劳其筋骨，饿其体肤，空乏其身，行拂乱其所为，所以动心忍性，增益其所不能。"所以，在人生的道路上，我们要勇于面对挫折，不畏艰难，凭着坚强的毅力去拼搏，追求明天的成功！

著名作家巴尔扎克曾说过："挫折和不幸，是天才的晋身之阶、信徒的洗礼之水、能人的无价之宝、弱者的无底深渊。"面对生活的困难，天才和信徒往往能顶住压力，在不断的压力下使自己的能力和实力得到不断提高，从而创造出更为夺目的辉煌，最终走向成功。而对于那些弱者来说他们只会在逆境中消磨掉自己的理想与信念，感慨苍天不公、命运不济，失败一生。

确实是这样，人的一生不可能一帆风顺，毫无曲折，一帆风顺的人生，只会让人觉得碌碌无为，没有值得回忆的。相反，经历过崎岖和坎坷的人生才能让人学会在逆境中拼搏和生存，才会在我们走过困难之后再回首过去而感到骄傲。

成功者认为失败不过是前进道路上的一块小小绊脚石，在成功者看来，失败并不代表最终的结果。"笑到最后的人才能笑得最好。""经历过风雨，才能见彩虹。"只要我们能坚持理想与信念，持之以恒，永不言弃，最终定能胜利。

　　《命运交响曲》是贝多芬最杰出的作品之一，它展现了人类和命运搏斗的过程，人类最终战胜了命运。这也是他自己人生的写照。第一乐章中连续出现的沉重而有力的音符，贝多芬说："命运就是这样敲门的。"

　　贝多芬是世界著名的音乐家。童年，贝多芬是在泪水浸泡中长大的。家庭贫困、父母失和，造成贝多芬严肃、孤僻、倔强和独立的性格，他心中蕴藏着强烈而深沉的感情。他从12岁开始作曲，14岁参加乐团演出并领取工资补贴家用。到了17岁，母亲病逝，家中只剩下两个弟弟、一个妹妹和已经堕落的父亲。不久，贝多芬得了伤寒和天花，几乎丧命。贝多芬简直成了苦难的象征，他的不幸是一个孩子难以承受的。尽管如此，贝多芬还是挺过来了。他对音乐酷爱到离不开的程度。在他的作品中，有着他生活的影子，既充满高尚的思想，又流露出对人间美好事物的追求、向往。他对美丽的大自然有抒发不尽的情怀。说贝多芬命运坎坷，不光指他童年悲惨，实际上他最大的不幸，莫过于28岁那年的耳聋。先是耳朵日夜作响，继而听觉日益衰弱。他去野外散步，再也听不见农夫的笛声了。从此，他孤独地过着聋人的生活，全部精力都用于和聋疾苦战。贝多芬活在世上，能理解他的人太少了，而唯一能给他安慰的只有音乐。他作曲时，常把一根细木棍咬在嘴里，借以感受钢琴的震动。他用自己无法听到的声音，倾诉着自己对大自然的挚爱，对真理的追求，对未来的憧憬。他著名的《命运交响曲》就是在完全失去听觉的状态中创作的。他坚信："音乐可以使人类的精神爆发出火花。""顽强地战斗，通过斗争去取得胜利。"这种思想贯穿了贝多芬作品的始终。

　　1827年3月26日，一个雷雨交加的夜晚，音乐巨人与世长辞，那时他才57岁。贝多芬的一生是悲惨的，世界不曾给他欢乐，他却为人类创造了欢乐。贝多芬的身体是虚弱的，但他是真正的强者。

李嘉诚曾说过：一个人只有面对和忍受逆境的痛苦，这个人成功的机遇才能表现出来。许多人要是没有遇到逆境，他们是不会发现自己真正的强项的。他们若不是遇到极大的挫折，不遇到巨大的打击，就不知道释放自己内部贮藏的力量。

逆境，是促使人奋发向上的动力，是锻炼一个人意志的火炉。俗语说："逆境是检验强者和弱者的试金石，也是造就英雄和豪杰的先决条件。"这句话是说，如果一个人能够在逆境中脱颖而出，那么这个人就一定有卓越的成就。

面对逆境，沮丧、灰心、绝望地悲叹命运不公都无济于事。在逆境中，我们要保持一颗乐观向上的心，坦然面对失败，从现在开始，凭借自身拥有的力量，挑战生活，挑战逆境。我们相信，任何困难和艰险都不会阻挡我们迈向成功的脚步。只有历经磨难，才能到达巅峰，才能看到最美的风景，逆境不可怕，可怕的是没有挑战逆境的勇气。只有认真、努力地对待逆境，它才会变成一条蜿蜒的小路将我们导引向成功的殿堂。

你所经历的苦难，是在为你的成功铺路

苦难是一种财富，是对人的一种考验。法国作家巴尔扎克说过："苦难对于天才是一块垫脚石，对能干的人是一笔财富，对弱者是一个万丈深

渊。"思想家孟子也曾说过：对于要做一番事业的人，一定要经受吃苦的锻炼，这样才会提高本领、磨炼意志。

虽然每个人都不希望苦难降临在自己身上，然而苦难却不偏不倚地降临在每个人的身上。没有苦难的人生是不完美的人生，就像没有风雨的天空就是不完整的天空一样。伟大人物无一不是由苦难而造就的，一个人如果好逸恶劳，就无法战胜困难，也绝不会有什么前途。

一天，罗伯特·斯契勒来到芝加哥，要向一群中西部农民发表演说。虽然他满腔热忱，但很快便被农民们凝重的面色泼了一盆冷水。他们强作热情地接待罗伯特，其中有位农民告诉他说："我们正过着艰苦的日子。我们需要帮助。我们最需要的是希望。给我们希望吧。"

在罗伯特开始演讲前，主持人向这些听众介绍罗伯特，他把罗伯特形容为一个成功的人，但是听众不知道，罗伯特也曾走过他们现在所走的路。

罗伯特是在一个小农场里度过他的童年的。他的父亲本来是一个雇农，后来积够了钱才买了一个65公顷的农场。经济大萧条时，罗伯特还只有三岁。那年冬天，他们有时连买煤也没钱。那时候罗伯特也要工作，他要爬进猪栏，捡拾猪吃剩后的玉米棒子，用来做燃料。那些日子真苦啊！

第二年春天，又遇到严重春旱。罗伯特的父亲准备把辛辛苦苦留起来的几斗宝贵玉米用作种子。

"种了可能枯死，何必还要冒险去种呢？"罗伯特问。

他父亲却说："不冒险的人永无前途。"

于是，他父亲把留起来的最后一些玉米粒和燕麦，全都拿出来种了。可是，第四个星期过去了，还不见有雨来临，父亲的脸绷得紧紧的。他和其他农民聚在一起祈祷，请求上帝拯救他们的田地和作物。后来，雷声终于响起，天下雨了！虽然罗伯特雀跃万分，但是他的父母知道雨下得不够。烈日不久就再次出现，天气又热起来了。他父亲抓了一把泥土，只有上面四分之一是湿的，下面全是粉状的干泥。

那年夏天，罗伯特看见弗洛德河逐渐变得干涸，小水坑变成泥坑，平时来回扭动的鲶鱼都死了。他父亲的收成只有半车玉米，这个收成和他所播的种子数量刚好相等。父亲在晚餐祈祷时说："慈爱的主，谢谢你，我今年没有损失，你把我的种子都还给我了。"当时并不是所有的农民都像他父亲那么有信心，一家又一家的农场挂起了"出售"的牌子。他父亲当时请求银行给予帮助，银行信任他，而且帮助了他。

罗伯特还记得童年时穿着补缀的大衣跟父亲去爱阿华银行，他记得银行的日历上有这样一句格言："伟人就是具有无比决心的普通人。"他觉得父亲就是这种积极态度的榜样。

若干年后的一个寂静下午，罗伯特家受到龙卷风的侵袭。他们起初听到一阵可怕的怒吼声；慢慢地，风暴逐渐逼近了。忽然天上有一堆黑云凸了出来，像个灰色长漏斗般伸向地面。它在半空中悬吊了一阵子，像一条蛇似的蓄势待攻。父亲对母亲喊道："是龙卷风，珍妮！我们得赶快离开这里！"转瞬间，他们便已慌慌张张地开车上路。南行三公里之后，他们把车子停好，观看那凶暴的旋风在他们后面肆虐……到他们返回家后，发现一切都没有了，半小时前那里还有九幢刚刷过的房屋，现在一幢也不存在，只留下地基。父亲坐在那里惊愕得双手紧握驾驶盘。这时，罗伯特注意到父亲满头白发，身体由于艰辛劳作而显得瘦弱不堪。突然间，父亲的双手猛拍在驾驶盘上，他哭了："一切都完了！珍妮！26年的心血在几分钟内全完了！"

但是，他父亲不肯服输。两星期后，他们在附近小镇上找到一幢正在拆除的房子，他们花了50美元买下其中一截，然后一块块地把它拆下来。就是用这些零碎的材料，他们在旧地基上建了一幢很小的新房子。以后几年，又建筑了一幢幢房屋。最后，他父亲在有生之年，看到了自己的农场经营得非常成功。

讲完了自己的故事，罗伯特告诉听众："苦难不会持久，强者却可长存！"听众席顿时响起热烈的掌声。那些已经失去希望以及曾与沮丧情绪搏斗的人，重新获得了希望。他们有了新的憧憬，再度开始梦想未来。

"艰难困苦，玉汝于成。"人是从苦难中成长起来的，如果你能善待苦难，忍受苦难，超越苦难，你就会成为人们羡慕的成功者。

人生只有经受过苦难，思想才会受到锤炼，灵魂才会得到升华，意志才能得到坚强，才能真正认识人生，从而实现人生的最大价值。

没有经历痛苦洗礼的飞蛾，脆弱不堪。人生没有痛苦，就会不堪一击。正是因为有痛苦，所以成功才那么美丽动人；因为有灾患，所以欢乐才那么令人喜悦；因为有饥饿，所以佳肴才让人觉得那么甜美。正是因为有痛苦的存在，才能激发我们人生的力量，使我们的意志更加坚强。瓜熟才能蒂落，水到才能渠成。和飞蛾一样，人的成长必须经历过痛苦挣扎，才能双翅强壮，才可以振翅高飞。

李嘉诚能够成为商业巨子，就是因为他不以苦难为借口，不甘贫穷，同贫穷一直搏斗。李嘉诚不是一个天生的幸运儿，他所经历的忧患与磨难，是今天的年轻人所难以想象的，如果说上帝不公，再没有谁受到的不公比李嘉诚更严重了。李嘉诚异于常人之处，不是他所受到的苦难，而是他在苦难之中的顽强奋斗，这是他取得成功的根本原因。

当年，为了给父亲治病，李嘉诚一家生活得相当清贫。两顿稀饭，再加上母亲去集贸市场收集来的菜叶子，便是一天的"美食"。1943年那个寒冷的冬天，父亲走完了他坎坷的一生。临终前，他哽咽着对李嘉诚说："阿诚，这个家从此就只有靠你了，你要把它维持下去啊！"

父亲的熏陶和遗训，李嘉诚永志不忘，时刻铭记在心，并伴随他一生的风风雨雨，使他终身受益无穷。父亲没有给李嘉诚留下一文钱，相反，他给李嘉诚留下了一副家庭的重担。后来有一个记者问起李嘉诚："请您说说一个人的成功是不是跟从小的志向有关，而一个人的志向是不是天生的？"

李嘉诚回答说："我自小便很喜欢念书，而且很有上进心。那时候，我就暗暗地发誓，要像父亲一样做一名桃李满天下的教师，但是由于环境的改变，贫困生活迫使我孕育了一股强烈的斗志，那就是要赚钱。可以说，我拼命创业的原动力就是随着环境的改变而来的。当我14岁的时候，父亲去世，我要肩负家庭的重担，因为我是长子，而父亲并没有给我们留下什么，所以读书是绝对没有可能了。赚钱是迫在眉睫的事，这样我的志向就有了改变。而且在接下来进入社会开始工作的日子里，我有韧性，能吃苦，因为我不计较个人得失，只是努力工作，努力向上，再加上忠诚可靠，因此一路进步，薪金也一路增加。"

苦难是人生最好的老师。有人说："一时的苦难是上天赐予的，一世的苦难是自找的。"苦难的遭遇能磨砺坚强的意志，所以我们应该心存感激，接受它，超越它！人只有经过苦难的磨炼，方能读懂人生，走向成熟，人生的价值在于对自身苦难的严峻正视、深刻思考、透彻理解、不懈抗争。

承受压力，将压力转换为动力

社会的进步、科技的发展、日趋激烈的竞争，不仅为我们带来了前所未有的便利与快捷，也给我们带来了巨大的压力，每一个人都感到压力无处不在，危机十面埋伏。著名催眠治疗师布赖恩·罗特说："只有死人，才没有压力。"的确，生活中压力无处不在，压力本身就是生活的一部分。压力大与小，能不能承受与缓解，关键在于面对压力时，你自己的心态与应对的方法。

大多数人可能认为，压力乃是一种消极因素，殊不知压力在某种意义上更是促使人积极向上的动力。压力越大，动力也就越大，只有不断地在压力中获得重生的人才能茁壮成长。

有一哲人说过："要想有所作为，要想过上更好的生活，就必须去面对一些常人所不能承受的压力，你得像古罗马的角斗士一样去勇敢地面对它，战胜它，这就是你必须走的第一步。"的确，压力中潜藏着成长的机缘。哪里有压力，哪里就有成长的契机。

一个博士毕业生找了份满意的工作，但公司总是不断地给他工作上压担子，他感到压力很大，就去向他的导师请教。导师没有立即回答他的问题，而是领着他外出散步。像往常一样他们一边走一边漫谈，不知不觉在操场上转了一圈。导师看了一下表说："你看我们已经走了一圈了，用了近十分钟，现在你一个人走一圈吧。"弟子不明白老师的用意，只得信马由缰地走了一圈，回到导师身边。导师又看了下表说："你这次走一圈用了六分多钟，现在请你把身边的那块石头扛在肩上，再走一圈吧。"弟子只得把那石头扛在肩上，他感到很沉，只好小跑了一圈，回到导师身边已经是大汗淋漓，气喘吁吁了。导师又看了看表说："这次你只用了三分多钟，你说是怎么回事呢？"弟子想了想说："老师我明白了，第一次因为我们漫无目的，所以用了最长的时间才走完一圈；第二次我心里有了走完一圈的目标，但没有压力所以用的时间也较长；第三次因为我心中有了走完这圈的目标，也有了肩上的重压，所以反而用了最短的时间。"导师赞许地点点头说："这就是公司给你压力的原因呀。"

可见，一个人在一定的压力范围内，他的工作业绩与压力是成正比的，即工作压力越大，工作业绩越好。对于强者，压力从来就不是包袱。因为适当的压力会转化为个人内心的动力，利于人们保持良好的状态，挖掘自己的潜能。

"铁人"王进喜说："油井没有压力打不出油，人没有压力做不好工作。"有压力才有动力，对任何人都一样。

有一位知名泰国企业家因玩腻了股票，想尝试做一些其他的事情。他把矛头指向了房地产，他把自己全部的积蓄和银行贷款全部投了进去，在曼谷市郊盖了15幢配有高尔夫球场的豪华别墅。但时运不济，他的别墅刚刚盖好，就面临亚洲金融风暴，他的别墅一栋也卖不出去。贷款还不起，这位企业家只能眼睁睁地看着别墅被银行没收，自己住的房子被拿去抵押，还欠了一屁股的债。

这位企业家一时被突如其来的巨大压力压得情绪低落到了极点，他怎么也没想到对做生意一向轻车熟路的自己会陷入这种悲惨的境地。

他决定重新白手起家，他的太太是做三明治的能手，于是就建议丈夫去街上叫卖三明治。企业家经过一番思索答应了。从此曼谷的街头就多了一个头戴小白帽、胸前挂着售货箱的小贩。

昔日亿万富翁沿街卖三明治的消息传到大街小巷，有的顾客出于好奇，有的出于同情，买三明治的人越来越多，许多人吃了这位企业家亲手做的三明治后，被这种三明治的独特口味所吸引，于是消费者就经常光顾，回头客不断增多。现在这位泰国企业家的三明治生意越做越大，他慢慢地走出了人生的低谷。

他叫施利华，几年来，他以自己不屈的奋斗精神赢得了人们的尊重。在1998年泰国《民族报》评选的"泰国十大杰出企业家"中，他名列榜首。作为一个创造过非凡业绩的企业家，施利华曾经备受瞩目。在他事业的鼎盛期，他认为自己尊贵得像城堡中难得一见的皇帝。然而，当他失意时，习惯了发号施令的施利华亲自推车叫卖三明治，无疑需要极大的勇气。然而，他顶住了压力，成功了。

勇于接受挑战并承担压力，是人们获得事业成功的重要保证。这个世界永远都不缺乏优秀者，但只有少数人能获得成功。这并不是因为这些人一时运气光顾，也不是机遇青睐，而是这些人具备足够的抗压能力。在困难面前，当人们都怯懦的时候，他们却展现出拼搏的勇气；在挫折面前，当很多人产生放弃念头的时候，他们却敢于再次尝试，从失败中累积经验。一个人如果没有足够的抗压能力，那他就不能经受住逆境的考验，无论做什么事情，都很难取得成功。

海伦·凯勒在一岁多的时候，因为生病，从此眼睛看不见，并且又聋又哑了。由于这个原因，海伦的脾气变得非常暴躁，动不动就发脾气摔东西。她家里人看这样下去不是办法，便替她请来一位很有耐心的家庭教师苏丽文小姐。海伦在她的熏陶和教育下，逐渐改变了。她利用仅有的触觉、味觉和嗅觉来认识四周的环境，努力充实自己，后来更进一步学习写作。几年以后，当她的第一本著作《我的一生》出版时，立即轰动了全美国。

在她的《假如给我三天光明》一文中，更是表达了她的坚强、乐观和向上的精神，而这一切都该归功于她对生活的认识。

当把失明仅仅当作一项压力的时候，她痛苦惆怅，所以她不能真正面对生活；当她把压力化作动力的时候，生活就选择了她。

在现实生活中，相信绝大多数的人所面对的情况都不会有海伦·凯勒那么糟，她尚且能够凭借坚强的意志和积极乐观的精神，化压力为动力，取得令人瞩目的成就，对我们正常人来说，又何尝不该如此去做呢！

无数事实证明，没有压力就唤不醒斗志，没有压力就挖掘不出潜力，所以孟子说："生于忧患，死于安乐。"压力是一支强心剂，促使我们不断地快节奏地向前，在人生大舞台上尽情展现自己的风采。

也许你正感受着来自生活、工作和学习的压力，也许你正在为此抱怨，与其诅咒命运的不公，不如换一种眼光重新领悟压力的价值。把压力化作动力，压力才能真正发挥出其内在的巨大力量。

超级
自控力
——如何进行有效的自我管理

第九章　掌控自我，
做生活中的自控达人

超越自卑，找回自信

什么是自卑？简而言之，就是觉得自己不如别人，对自己的能力评价偏低。自卑常有抑郁、忧伤、胆怯、失望、害羞、不安和内疚等表现。有的人因为工作成绩差产生自卑，有的人因为自己形象不够好产生自卑，有的人因为自己的家庭条件不好、衣着不如别人时髦产生自卑，有的人甚至连自己脸上的痤疮也成为自卑的原因。自卑是主观的感受，容易产生自卑的人往往好与别人比高低，有很强烈的争强好胜之心，急切地希望一切都超过别人，梦想一鸣惊人，虚荣心较强，容易为一时的成功而骄傲，也极易为一时的失败而灰心丧气。

麦斯威尔·马尔兹医生说过："世界上至少有95%的人都有自卑感！"这个数字或许会把你吓一跳，但真要细心观察一下会发现，你周围的亲朋好友，有几个人是真正的不自卑？又有几个不是成天对你诉说自己的不幸？

其实，世界上最糟糕的事就是对自己没有信心，把自己看成一个可怜的人，而一旦可怜自己，那就真的很可怜了。

罗斯福夫人艾莉诺出身于名门世家，按道理说她应该是个非常自信的女孩子，其实情况并不是那样的。因为家中美女如云，她的母亲、婶婶个个都是社交界名媛，和她们相比，她一直认为自己是个一无长处的人！她终日都在这种自卑感以及他人的阴影之下生活着。

直到有一天，在一次圣诞节舞会上，有一位年轻人走上前来对她说："我能请你跳支舞吗？"就从这一次邀请之后，忽然便有许多年轻人来邀她共舞。而第一位邀她共舞的年轻人，就是美国政坛知名的人物富兰克林·罗斯福。

其实艾莉诺的自卑与自信，只是一念之差，在那一刻相信她的长相没变、装扮没变，变的是她因为信心而使脸上有不同的光彩，可以说自信是最好的美容圣品。只要了解自卑是无谓的，自卑与自信只是如此的一线之隔，我们便可以改变自己的一生。

人生中难免要遇到一些挫折，也难免会产生一时的自卑心理，关键是怎样对待挫折，怎样克服自卑心理。首先为自己制定的目标要切合实际，要以豁达和宽容的态度对待学习和生活中遇到的不如意的事。生活并不像一条小溪那样，平静地潺潺流动着，生活中会有激动和震荡，有高潮也有低潮。遇到挫折不要心灰意懒，怨天尤人，要振作起来，卧薪尝胆，用自信和积极的心态去填平自卑的深沟。

曾任美国国会参议员的爱尔默·托马斯15岁时常常被忧虑恐惧和一些自我意识所困扰。比起同年龄的少年，他不但长得太高了，而且瘦得像一支竹竿。他除了身体比别人高之外，在棒球比赛或赛跑各方面都不如人。同学们常取笑他，封他一个"马脸"的外号。但是托马斯的自我意识极重，不喜欢见任何人，又因为住在农庄里，离公路很远，也碰不到几个陌生人，所以平常只见到他的父母及兄弟姐妹。

托马斯说："如果我任凭烦恼与恐惧占据我的心灵，我恐怕一辈子也无法翻身。一天24小时，我随时为自己的身材自怜。别的什么事也不能想。我的尴尬与惧怕实在难以用文字形容。我的母亲了解我的感受，她曾当过学校教师，因此告诉我：'儿子，你得去接受教育，既然你的体能状况如此，你只有靠智力谋生。'"

但是，不久以后发生的几件事帮助他克服了自卑感。其中有一件事带给了他勇气、希望与自信，改变了他今后的人生。这些事件的经过如下：

第一件：入学后八周，托马斯通过了一项考试，得到一份三级证书，可以到乡下的公立学校授课。虽然证书的有效期只有半年，但这是他有生以来，除了他母亲以外，第一次证明别人对他有信心。

第二件：一个乡下学校以月薪40美元的工资聘请他去教书，这更证明了别人对他的信心。

第三件：领到第一张支票后，他就到服装店，买了一套合身的服装。

第四件：这是他生命中的转折点。战胜尴尬与自卑的最大胜利，发生在一年一度举行的集会上，他母亲敦促他参加集会上的演讲比赛。当时对他来说，那当然是天方夜谭。他连单独跟一个人说话的勇气都没有，更何况是面对很多人。但是在他母亲的坚持下，他还是报名了，并且为这次演讲做了精心的准备。为了把演说内容记熟，他对着树木与牛群演练了上百遍。结果大出他本人的预料，他得了第二名，并且赢得了一年的师范学院奖学金。

后来托马斯在回忆自己的人生历程中，还不止一次说过："这四件事成为我一生的转折点。"

自卑其实就是自己和自己过不去。为什么老要和自己过不去呢？你不觉得自己身上也有许多可爱的地方、令人骄傲的地方吗？也许你不漂亮，但是你很聪明；也许你不够聪明，但是你很善良。人有一万个理由自卑，也有一万个理由自信！丑小鸭变成白天鹅的秘密，就在于它勇敢地挺起了胸膛，骄傲地扇动了翅膀。

只有踏踏实实地去做每一件事，你才会对自己能否做好每一件事充满信心。在满意的目光中，你会忘掉自己的不足，你会随时随地充满自信，你会不再自卑。

只有控制自卑心理，你才会敢于进取，成为一个有主动创造精神的人，才能开拓事业；你才会有积极的人生态度，才会活得开朗、开心；你才会勇于承担责任，成为一个有责任心的人。

消除猜疑，学会相互信任

人在社会生活中与别人相互交往，由于自身的或外来的原因，很有可能对人产生猜疑。它好似一条无形的绳索，会捆绑我们的思路，使我们远离朋友。如果猜疑心过重的话，就会因一些可能根本没有或不会发生的事而忧愁烦恼、郁郁寡欢。猜疑者常常嫉妒心重，比较狭隘，因而不能更好地与人交流，其结果可能是无法结交到朋友，变得孤独寂寞，这对身心健康都有危害。

生活中我们常会碰到一些猜疑心很重的人。他们总觉得别人在背后说自己坏话，或给自己使坏。有时我们自己也喜欢猜疑，看到别人说笑，便以为他们在议论自己，心里就不痛快起来。喜欢猜疑的人特别注意留心外界和别人对自己的态度，别人脱口而出的一句话，他很可能琢磨半天，试图发现其中的"潜台词"。这样他便不能轻松自然地与人交往。久而久之，不仅自己心情不好，也影响到人际关系。

其实，这些都是因为心中存在猜疑心理所导致的。猜疑心理是一种由主观推测而对他人产生不信任感的复杂情绪体验。猜疑心重的人往往整天疑心重重，每每看到别人议论什么，就认为人家是在讲自己的坏话。猜忌成癖的人，往往捕风捉影，节外生枝，说三道四，挑起事端，其结果只能是自寻烦恼，害人害己。猜疑心理是人际关系的蛀虫，既损害正常的人际交往，又影响个人的身心健康。自古以来不知有多少人因为猜疑疏远了朋友，中断了友谊，甚至毁掉事业。

范增是项羽的得力谋士，许多次，刘邦的计谋都被他识破了。刘邦要打败项羽，首先想到的就是除掉范增。在陈平的协助下，刘邦导演了一次反间计。当楚汉两军在荥阳相持不下时，项羽为了打击刘邦，便借议和为名，遣使入汉，顺便探察汉军的虚实。陈平听说楚使要来，正中下怀，便和刘邦布好圈套，专等楚使上钩。

楚使进入荥阳城后，陈平将楚使导入会馆，留他午宴。两人静坐片刻，一班仆役将美酒佳肴摆好。陈平问道："范亚父（范增）可好！是否带有亚父手书？"楚使一愣，突然明白了是怎么回事，正色道："我是受楚王之命，前来议和的，并非亚父所派遣的。"

陈平听了，故意装作十分惊慌的样子，立即掩饰说："刚才说的是戏言，原来是项王使臣！"说完，起身外出。楚使正想用餐，不料一班仆役进来，将满案的美食全部抬出，换上了一桌粗食淡饭。楚使见了，不由怒气上冲，当即拍案而起，不辞而别。

一到楚营，楚使立即去见项羽，将自己的所见所闻添油加醋地告诉了项羽，并特别提醒项王，范增私通汉王，要时刻注意提防。

其实，陈平的反间计并不高明，如果稍微考虑一下，就不难找出其中的破绽，只是项羽寡断多疑，加之性格刚愎自用，自然也就不会想到这些。

项羽听后，怒道："前日我已听到关于他的传闻，今日看来，这老匹夫果然私通刘邦。"当即就想派人将范增拿来问罪，还是左右替范增劝解，项羽这才暂时忍住，但对范增已不再信任。

范增一直对项羽忠心耿耿，他心无二用，对此事一无所知，一心协助项羽打败刘邦。他见项羽为了议和，又放松了攻城，便找到项羽，劝他加紧攻城。项羽不禁怒道："你叫我迅速攻破荥阳，恐怕荥阳未下，我的头颅就要搬家了！"范增见项羽无端发怒，一时摸不着头脑，但他知道项羽生性多疑而刚愎，不知又听到了什么流言，对自己产生了戒心。

范增想起自己对项羽忠心耿耿，一心助楚灭汉，项羽不仅不听自己的忠言，反而怀疑自己，因此他十分伤心。他再也耐不住了，便向项羽说道："现在天下事已定，望大王好自为之。臣已年老体迈，望大王赐臣骸骨，归葬故土。"说完，转身走出。项羽也不加挽留，任他自去。

范增悲伤地离开了项羽。在归途中，想到楚国江山，日后定归刘邦，他又气又急，不久背上生起一个恶疮，因途中难寻良医，又兼旅途劳累，年岁已长，几天后背疮突然爆裂，血流不止，死在驿舍中。

项羽之所以失去了一个得力的谋士，就是吃了猜疑的亏，猜疑实在是害己又殃人。

培根曾说过："猜疑之心犹如蝙蝠，它总是在黄昏中起飞。这种心情是迷惑人的，又是乱人心智的。它能使你陷入迷惘、混淆敌友，从而破坏你的事业。"猜忌是人际关系的腐蚀剂，它可以使所有幸福的东西毁于一旦。如果在与人交往时总是猜疑别人，那么彼此的关系就难以继续维持。

猜疑往往是心灵闭锁者人为设置的心理屏障。只有敞开心扉，求得彼此之间的了解沟通，增加相互信任，消除隔阂，排释误会，才能获得最大限度的理解。

当心嫉妒心理诱你误入歧途

有这样一个小故事：

很久以前，有一个地方遇到了百年不遇的大旱灾，湖水干涸，地面也干得裂开了口子。

在这个地方的湖中住着一只鳖。湖水干涸以后，它为了生存，便想找一个有水源的地方生活。可是它爬的速度太慢了，只怕自己爬不多远就会连饿带渴地死去。

有一天，从远方飞来了一群天鹅，它们围绕着以前有湖水的地方飞来飞去，寻找原来栖息过的湖泊。鳖见了，便叹了口气说："别找了，湖水早就干了。"

天鹅们非常失望，只好商量再飞到别的地方，去找有水的地方。

鳖听了天鹅的话，心想：天鹅飞得快，一定很快就能找到水，不如求它们帮忙，把我也带走。于是，鳖就去求领头的天鹅。

天鹅答应带鳖一起走。于是，它们轮流用嘴衔着鳖向远方飞去。

天鹅飞了好远的路。一天，它们经过一座城市的上空。那里的人看到天上飞过一群洁白美丽的天鹅，都抬头仰望，赞叹道："多漂亮的天鹅啊！今生能看到如此圣洁的动物，真是幸福！"这个时候，有人发现了天鹅嘴里衔着的大鳖。看到了丑陋的鳖，人们放声大笑："哈哈！这只丑陋的鳖怎么会和天鹅在一起，原本在地上成长，现在也跑到天上去了。难道丑鳖也想变成天鹅，别做梦了，真是不自量力啊！"

大鳖看到人们夸赞天鹅而嘲笑自己，终于忍不住了。它破着嗓子大骂："你们这群天鹅，到底比我好看多少？不过是有两只翅膀可以在天上飞罢了！有什么了不起的。臭美！"天鹅一开始还忍耐着，后来看到丑鳖因为嫉妒心起，骂得越来越难听，终于难以忍受。本来用嘴衔着它就够累了，被它一骂，天鹅们相互使了一个眼色，把嘴巴张开，还在哇哇大骂的大鳖突然感到身体直线坠落，还没有发觉是怎么回事，已经掉到地上摔死了。

可怜又可悲的大鳖就这样断送了自己的性命，究其根本原因就是由于嫉妒造成的。自然界的动物尚且如此，更何况人呢？如果一个人在生活中产生了嫉妒情绪，那么他就会生活在阴暗的角落里，不能在阳光下光明磊落地说和做。一个人有了这种不健康的情感，就等于给自己的心灵播下了失败的种子。

伯特兰·罗素是20世纪声誉卓著、影响深远的思想家之一，1950年的诺贝尔文学奖获得者。他在其《快乐哲学》一书中谈到嫉妒时说："嫉妒尽管是一种罪恶，它的作用尽管可怕，但它并非完全是一个恶魔。它的一部分是一种英雄式的痛苦的表现，人们在黑夜里盲目地摸索，也许走向一个更好的归宿，也许只是走向死亡与毁灭。要摆脱这种绝望，寻找康庄大道，文明人必须像他已经扩展了他的大脑一样，扩展他的心胸。他必须学会超越自我，在超越自我的过程中，学得像宇宙万物那样逍遥自在。"

魏国有一名大将叫庞涓，他指挥魏军打了不少胜仗，自以为是了不起的军事家。可是他心里明白，他的同学齐国人孙膑，本领比他强得多。据说孙膑是著名的军事家孙武的后代，只有他知道祖传的13篇兵法。

庞涓妒忌孙膑的才能，他居心不良，想出了一条陷害孙膑的诡计。他向魏惠王（魏国国君）举荐孙膑，魏惠王很高兴地派人请来孙膑，共议国事。孙膑的才华显露出来以后，庞涓在魏惠王面前诬陷孙膑私通齐国谋反。魏惠王大怒要杀孙膑，庞涓又假意讲情，结果孙膑被治了罪，剜掉了双腿的膝盖骨，成了残疾人。

后来孙膑知道了这是庞涓的诡计，一怒之下，烧掉了即将写成的兵书，装成疯癫，再设法逃脱虎口。

恰好齐国的一位使臣到魏国办事，偷偷把孙膑藏在车内，混过了关卡，带他到了齐国。

齐国国君十分敬重孙膑，想拜他为大将，孙膑极力推辞："我是个受过刑的残废，如果当了大将，众人会笑话的。"齐威王就让他做军师，行军时坐在有篷帐的车里，协助大将田忌作战。

在孙膑的策划下，齐军连打胜仗。公元前342年，庞涓带魏军攻打燕国，田忌、孙膑率齐军救燕。但孙膑指挥军队不去燕国，而直接攻打魏国。

庞涓得到情报，忙从燕国撤兵赶回魏国。路上庞涓观察齐军扎过营的地方：第一天的炉灶数，足够10万人吃饭用的；第二天的炉灶数，够5万人吃饭用的了；第三天的炉灶数，只够3万人吃的了。庞涓放了心，笑着说："我就知道齐兵都是胆小鬼，到魏国才3天，10万大军就逃散了一大半。"他下令急追齐军。

魏军一直追到马陵(现河北省大名县东南),天渐渐黑了,马陵道在两山之间,路很窄,两旁都是深涧。这时,有士兵报告:"前面山道都用木头给堵住了。"庞涓急忙上前去看,果然如此,只有一棵大树没被砍倒,大树上还有一大片树皮被砍掉了,上面好像还写着字。庞涓命人拿火把来,借火光一看,他大惊失色,原来上面写的是"庞涓死于此树下",落款是"孙膑"。庞涓想撤兵已来不及了。这时四面杀声震天,不知有多少支箭一齐射来,齐军已把魏军团团围住了。庞涓身中数箭,他已无路可走,就在树下自刎了。

原来孙膑使用诱兵之计,一路上造成齐军逃散的假象。他料定庞涓会追到马陵,早在此处设下了埋伏。他吩咐士兵:只等树下火光一起,就一齐放箭。

孙膑的名气传遍了诸侯国,后来孙膑不愿再当官,就隐居去了。但他写的兵法一直流传到现在。

这是一个很明显的教训,嫉妒者无不以害人开始,以害己而告终。

嫉妒是一种束缚手脚、阻碍事业发展与创新、影响工作的情绪。其特征是害怕别人超过自己,嫉妒他人优于自己,将别人的优越处看作对自己的威胁。于是,便借助贬低、诽谤他人等手段,来摆脱心中的恐惧和忌恨,以求心理安慰。嫉妒会使人变得消沉,或是充满仇恨,如果一个人心中变得消沉或是充满仇恨,那么他距离成功也就越来越远了。

培根说:"每一个埋头沉入自己事业的人,是没有工夫去嫉妒别人的。"换言之,凡是产生嫉妒心理和行为的人,是没有把心思"埋头沉入自己事业的人"。嫉妒是万恶的根源,是美德的窃贼。越是嫉妒别人,就越容易消磨自己的斗志和锐气,越会陷入无止境的叹息,使自己的人生之舟搁浅在嫉贤妒能的荒滩上。

嫉妒产生的原因，大多是由于自知不足，比不上别人，这本身是一个促使自己转变的好契机。"知耻近乎勇"，知道自己不足，努力加以弥补，这才是积极的态度。但如果人与人之间由于嫉妒而你整我，我整你，冤冤相报，何时能了？而且，喜欢嫉妒别人的人自己的日子也不好过。每天嫉妒别人，自己心里也烦恼，总是觉得别人比自己高明，对此又不能平静，慢慢会由嫉妒转为算计别人。

在生活中，当你发现你正隐隐地嫉妒一个各方面都比自己能干的人的时候，你不妨反省一下自己是否在某些方面有所欠缺。在你得出明确的结论后，你会大受启示。你不妨借嫉妒心理去发奋努力，升华这种嫉妒之情，以此建立强大的自意识来增强竞争的信心。这样，不但可以克服自己的嫉妒心理，而且可使自己免受或少受嫉妒的伤害。

学会分享，你的生活才会更加美好

所谓分享，就是指个体与别人共同享受欢乐、幸福、好处等，它是与独占和争抢行为相对立的，不仅包括对物质和金钱等有形东西的分享，还包括对思想、情绪、情感等精神产品的分享，甚至还有对义务和责任的分担。

分享是人在社会交往中需要获得的一种意识、一种能力、一种品质，也是每个人都需要具备的一种美德。萧伯纳曾经说过："你有一个苹果，我有一个苹果，彼此交换，每个人只有一个苹果。你有一种思想，我有一种思想，彼此交换，每个人就有了两种思想。"分享能够让人痛苦减少，快乐增多。一个人在生活中需要与人分享自己的痛苦和快乐，没有分享，他的人生会失掉许多快乐。

一个人想要探求幸福的天堂与不幸地狱的人们的生活状况，为此他来到这两个有着天壤之别的地方。实地参观后，他感到很吃惊。幸福天堂与不幸地狱的人们所处的环境，竟然一模一样。他们坐在同样的饭菜桌前，手举长勺，只是因为勺太长了，谁也无法用它把饭菜放到自己嘴里。天堂的人满脸微笑，地狱的人却一脸沮丧。地狱的人之所以愁眉苦脸，是因为他们手里的长勺是用来敲击他人手中的长勺，以防他人比自己先吃到饭；而天堂里的人之所以喜笑颜开，是因为他们是用自己手中的长勺，盛满了饭先给对方吃。

这个故事生动地告诉世人，人活在这个世上，一定要学会分享与给予，养成互爱互助的习惯。只要学会分享，地狱也能变成天堂。

人们都想快乐，然而有些人总是快乐不起来，原因很简单，没有学会分享。快乐的最高境界是忘我，不是为自己，而是为了满足大家共同的利益，给予的、奉献的、分享的快乐，才是真正永久的快乐。古波斯拜火教的始祖佐罗亚斯特说："为别人做好事，不是一种责任，而是一种快乐，因为这能增加你自己的健康和快乐。"这就是分享带给你的快乐。

有一位犹太教的长老，酷爱打高尔夫球。

在一个安息日，他觉得手痒，很想去挥杆，但犹太教规定，信徒在安息日必须休息，什么事都不能做。这位长老却终于忍不住，决定偷偷去高尔夫球场，想着打九个洞就好了。

由于安息日犹太教徒都不会出门，球场上一个人也没有，因此长老觉得不会有人知道他违反规定。

　　然而，当长老在打第二洞时，却被天使发现了，天使生气地到上帝面前告状，说某某长老不守教义，居然在安息日出门打高尔夫球。上帝听了，就跟天使说，会好好惩罚这个长老。

　　从第三个洞开始，长老打出超完美的成绩，几乎都是一杆进洞。

　　长老兴奋莫名，到打第七个洞时，天使又跑去找上帝："上帝呀，你不是要惩罚长老吗？为何还不见有惩罚？"

　　上帝说："我已经在惩罚他了。"

　　直到打完第九个洞，长老都是一杆进洞。因为打得太神乎其技了，于是长老决定再打九个洞。

　　天使又去找上帝了："到底惩罚在哪里？"

　　上帝只是笑而不答。

　　打完十八洞，成绩比任何一位世界级的高尔夫球手都优秀，这可把长老乐坏了。

　　天使生气地问上帝："这就是您对长老的惩罚吗？"

　　上帝笑着说："你想想，他有这么惊人的成绩以及兴奋的心情，却不能跟任何人说，这不是最好的惩罚吗？"

　　快乐，只有和他人一起分享，才更幸福。一个人在生活中需要与人分享自己的痛苦和快乐，没有分享，对他而言就是一种惩罚。

　　有句话是这样说的：把痛苦向一万个人诉说，那就只剩下万分之一的痛苦；把快乐与一万个人分享，那就将得到一万分的快乐。这句话看似简单，却揭示了学会分享的重要性。

　　分享是一种美德，更是一种快乐。生命中总有很多东西是需要有人来一同分享的。只有学会分享，才能得到快乐；只有学会分享，才能得到幸福。

摘下"有色眼镜"，丢掉你的成见

水，本来是无色、透明的液体，但假如你戴上红色的眼镜看水的时候，就会发现水变成了红色；戴上绿色的眼镜，水又变成了绿色；戴上黄色眼镜，水又变成了黄色……其实，水本身是无色的，只是因为你戴着有色眼镜去观察而已。现实生活中，我们也常常遇到这样的问题。好多人都喜欢戴着有色眼镜去看人、看事，结果所看到的与事实出现了很大的差距。

好些年前，在哈佛大学里发生了这样一件事情：一对老夫妇，女的穿着一套褪色的条纹棉布衣服，而她的丈夫则穿着布制的便宜西装，也没有事先约好，他们就直接去拜访哈佛的校长。

校长的秘书在片刻间就断定这两个乡下土老帽根本不可能与哈佛有业务来往。

先生轻声地说："我们要见校长。"

秘书很礼貌地说："他整天都很忙！"

女士回答说："没关系，我们可以等。"

过了几个钟头，秘书一直不理他们，希望他们知难而退，自己走开。他们却一直等在那里。

秘书终于决定通知校长："也许他们跟您讲几句话就会走开。"校长不耐烦地同意了。

校长很有尊严而且心不甘情不愿地面对这对夫妇。

女士告诉他："我们有一个儿子曾经在哈佛读过一年，他很喜欢哈佛，他在哈佛的生活很快乐，但是去年，他出了意外而死亡。我丈夫和我想在校园里为他留一件纪念物。"

校长并没有被感动，反而觉得很可笑，粗声地说："夫人，我们不能为每一位曾读过哈佛而后死亡的人建立雕像的。如果我们这样做，我们的校园看起来像墓园一样。"

女士说："不是，我们不是要竖立一座雕像，我们想要捐一栋大楼给哈佛。"

校长仔细地看了一下条纹棉布衣服及粗布便宜西装，然后吐一口气说："你们知不知道建一栋大楼要花多少钱？我们学校的建筑物超过750万美元。"

这时，这位女士沉默不讲话了。校长很高兴，总算可以把他们打发了。

这位女士转向她丈夫说："只要750万就可以建一座大楼？那我们为什么不建一座大学来纪念我们的儿子？"

就这样，斯坦福夫妇离开了哈佛，到了加州，成立了斯坦福大学来纪念他们的儿子。

虽然每个人都有自己独特的认识、观念和思想，但是不能万事万物都按自己的心态来判断，即不能抱有成见或者成心。如果一个人抱着成见去评判事物的正确与错误，就像一个今天刚出发去越国去的人说自己昨天已经到达了越国一样荒谬，这是不可能的，因而抱着成见的人是无法对事物做出准确而客观的评判的！

在生活中，大多数人都戴着一副有色眼镜。在看别人时，总看见不好的一面，总指责别人身上的缺点；而看自己时却总是看到优点。有时人们看到他人身上的缺点时，并不一定就是那个人身上所有的。也就是说，人们往往带着一种偏见看待别人。所谓偏见，指的是人们对某事持有的观点或信念，而这种观点和信念其实并不符合客观事实或与逻辑推论相违背，它带有很强烈的个人色彩。

有一则故事，大意是这样的：

有一位先生初到美国不久，某个早上到公园散步，看到一些白人坐在草坪上聊天、晒太阳，他心想："美国人生活真是悠闲，有钱又懂得享受生活。"

走了不久，又看到有几个黑人也悠闲地坐在草坪的另一边，这位先生不禁想道："唉！黑人失业的问题还真是严重，这些人大概都在领社会救济金过生活。"

人，都喜欢戴着有色眼镜看人、看事，因此看不到真相。因为有成见，因此看不到真相，看不清事实。有成见的人，自以为是，自以为了不起，其实在智者眼中，他只不过是一个幼稚、愚痴的无知小儿。有先入为主的看法，哪怕是错误的，只要能改，也不可怕；如果一再固执"成见"，成为执着之病，那么有见解倒不如无见解来得好些！放弃成见，用客观的态度看人、看事，不必预设立场。"是"的，就还给它一个"是"的本来面目；"非"的就还给它一个"非"的真相。唯有放下"成见"，去除我执，才能认清实相，才能拥有真心。

杰瑞是美国一家化学染料公司的总裁。有一次，公司为了研发低成本化学染料，迫切需要一位懂得染色技术的专家。这时候，他意外地打听到有个染色专家正赋闲家中，颇为惊喜。然而，经过初步了解，却发现这个人年轻时吸过毒，因为缺乏毒资还拦路打劫过，被关进了监狱，出来之后，便自暴自弃，整天借酒消愁。

这个人能不能用呢？杰瑞陷入了矛盾之中。于是，他又继续去了解这个名叫汉姆的染色专家，发现他出狱后有段时间表现很好，但公司的老板总是对他不放心，几乎每天都要偷偷打开汉姆的更衣柜搜索他的外衣口袋，生怕他再染毒瘾。汉姆发现后，自尊心受到极大侮辱，愤然辞职，这样才染上酒瘾的。

杰瑞知道全部经过后，决定聘用汉姆担任公司技术部主管。

经过几次登门拜访，汉姆深受感动，从此痛改前非，埋头于实验室，终于研制出不脱色而且成本低廉的化学染料。

我们可以设想一下，如果一开始杰瑞先生就戴着有色眼镜看人，因为汉姆犯过罪就不雇用汉姆，那么他开发不脱色化学染料的计划能否成功就很值得怀疑了。所以，在对他人有一个全面了解之前，请放下你的偏见。

当一个人学会放弃偏见，放弃对别人的批评，那他就在修养上达到了一定的境界，就有了一种开阔的眼界，就能敞开胸襟接纳所有的事物，就能让自己活得比别人更有滋味，就能让人觉得他是一个可以亲近的人。但凡有大作为的人，都必须通过这一关，都应该放下心中的包袱。他不会去一味地关注他人的失败，而不顾自己的发展。

放弃偏见，会使人变得宽容；放弃批评，可使人得到休整；放弃抱怨，可以赢得别人的尊重；放弃嫉妒，可以获得他人的亲近。所以当你与人发生矛盾或冲突时，尽量放弃争强好胜的心理，那样才会化干戈为玉帛，使彼此和好如初；当你与家人发生摩擦时，尽量放弃争执，这样才会得到家人的谅解，使家庭和睦温馨。

谦虚谨慎才能叩开成功的大门

　　谦虚是一种美德，也是为人处世的一种方式。因为谦逊给人的印象是虚怀若谷，是稳定和踏实。18世纪，英国切斯特菲尔德勋爵建议自己的儿子，尤其要注意自己在公众场合的言行，注意保持谦逊和沉默。他说："永远不要显得比你周围人更聪明，更有学识。将你的学识像手表一样，小心放进自己的衣袋里。不要轻易拿出来炫耀，而只是让人知道你也拥有它。"谦恭不是一种表面姿态，而是一个人内在品德和修养的表现。有一颗谦恭的心，人就不会因学识渊博而骄傲自大，也不因地位显赫而处优独尊。

　　但日常生活中，我们不难发现这样一些人，他们虽然才华横溢，思路敏捷，但一说话就令人感到狂妄，因此别人很难接受他的观点和建议。这种人多数都是因为太爱表现自己，总想让别人知道自己很有能力，处处想显示自己的优越感，从而能获得他人的敬佩和认可，可结果却失掉了自己的威信。所以说，做人还是应该保持谦虚谨慎。

　　人们常说，"天不言自高，地不言自厚"。自己有无本事，本事有多大，别人都看得见，用不着自己去吹嘘。看看古今中外那些先哲伟人，即使取得了令人瞩目的成绩，也绝少有人因为自己具有足够资本而轻狂的，相反，他们非常自知而又非常谦虚。

　　　　被人们称为"力学之父"的牛顿发现了万有引力定律；在热学

上，他确定了冷却定律；在数学上，他提出了"流数法"，建立了二项定理；和莱布尼兹几乎同时创立了微积分学，开辟了数学上的一个新纪元。他是一位有多方面成就的伟大科学家，然而他非常谦逊。对于自己的成功，他谦虚地说："如果我见的比笛卡尔要远一点，那是因为我站在巨人的肩上。"他还对人说："我不过就像是一个在海滨玩耍的小孩子，为不时发现比寻常更为光滑的一块卵石或比寻常更为美丽的一片贝壳而沾沾自喜，而对于展现在我面前的浩瀚的真理海洋，而全然没有发现。"

法国资产阶级启蒙思想家孟德斯鸠说过："谦虚是不可缺少的品德。"谦虚的品格，能使一个人面对成功、荣誉时不骄傲，把它视为一种激励自己继续前进的力量，而不会陷在荣誉和成功的喜悦中不能自拔，把荣誉当成包袱背起来，沾沾自喜于已得之功，不再进取。

俗话说，谦虚使人进步，骄傲使人落后。人的生命是有限的，但知识是无穷的。谁也不应该认为自己已经达到了最高境界而停步不前，如果那样的话原来落在后面的对手就会追上自己。所以谦虚不仅是良好的学习态度，更是为人处世的必要准则。

贝罗尼是19世纪的法国名画家。有一次，他到瑞士去度假，背着画架到日内瓦湖边写生。旁边来了三位英国女游客，看了他的画后，便在一旁指手画脚地批评起来：一个说这儿不好，一个说那儿不对。贝罗尼都一一修改过来，末了还跟她们说了声谢谢。第二天，贝罗尼又遇到了那三位妇女，她们正交头接耳不知在讨论些什么。过了一会儿，那三个妇女走过来问他："先生，我们听说大画家贝罗尼正在这儿度假，所以特地来拜访他。请问你知不知道他现在在什么地方？"贝罗尼朝她们微微弯腰，回答说："不敢当，我就是贝罗尼。"三位英国妇女大吃一惊，想起昨天的不礼貌，一个个红着脸跑掉了。

世界上只有虚怀若谷的求知者，没有狂妄自大的成功者，认为自己一无所知才能让自己不断进步，这就是贝罗尼的成功之道。

巴甫洛夫说过："无论在什么时候，永远不要以为自己已经知道了一切。不管人们把你评价得多么高，你永远要有勇气对自己说：我是个一无所知的人。"一个人不管自己有多丰富的知识，取得了多大的成绩，或是有多么显赫的地位，都要谦虚谨慎，不能自视过高。只有心胸宽广，博采众长，才能不断地丰富自己的知识，增强自己的本领，进而创造出更大的成绩。

孔子带着学生到鲁恒公的祠庙里参观的时候，看到了一个可用来装水的器皿，形体倾斜地放在祠庙里。

守庙人告诉他："这是欹器，是放在座位右边，用来警诫自己，如'座右铭'一般的器皿。"

孔子说："我听说这种用来装水的器皿，在没有装水或装水少时就会倒；水装得适中，不多不少的时候就会是端正的；里面的水装得过多或装满了，它就会翻倒。"

说着，孔子回过头来对他的学生们说："你们立即往里面倒水试试看吧！"学生们听后舀来了水，一个个慢慢地向这个器皿里灌水。果然，当水装得适中的时候，这个器皿就端端正正地立在那里。不一会儿，水灌满了，它就翻倒了，里面的水流了出来。再过了一会儿，器皿里的水流尽了，又像原来一样歪斜在那里了。

这时候，孔子便长长叹了一口气，说道："唉！世界上哪会有太满而不倾斜翻倒的事物啊！"装满水就如同骄傲自满的人那样，容易倾倒。因此人要谦虚谨慎，不要骄傲自满。

丰收的稻子总是弯腰向着大地，浅薄的稗子才会高傲地望着天空。所以，无论什么时候，我们都不要以为自己知道了一切。我们要时刻提醒自己说："我还是一个一无所知的人，每个人都是我的老师。"只有如此，我们才能学得更多的东西，在人生的路上走得更远。

宽以待人，海宽天宽不及我心宽

古人说："江海所以能为百谷王者，以其善下之。""有容乃大。""唯宽可以容人，唯厚可以载物。""君子不责人所不及，不强人所不能，不苦人所不好。"无数事实证明，宽容大度是人在实际生活中不可或缺的品质。

宽容对待人是一种美德，是一种思想修养，也是人生的真谛。当你学会宽容别人时，就学会了宽容自己；给别人一个改过的机会，就是给自己一个更广阔的空间！

宽容是为人处世的准则。一个以敌视的眼光看人的人，对周围的人充满戒备心，心胸狭窄，处处提防，必然会因孤独而陷于忧郁和痛苦之中，而宽宏大量的人，与人为善，宽容待人，能主动为他人着想，肯关心和帮助别人，那他则讨人喜欢，受人尊重，具有魅力，因而能够更多地体验成功的喜悦。

林肯是美国历史上最伟大的总统之一。他12岁的时候，由于家境困难不得不中止学业，去做了一个伐木工人。那个时候伐木工人的工资很低，伐一立方米的木材只有1.2美元的报酬。当时伐木全是手工劳作，所以工作的效率也很低，一个人要干两天才能伐到一立方米。伐倒的木材，工人们就在木头的尾部用墨水写上自己名字的第一个字母，表示这根木头是自己伐的，然后再去向老板要钱。林肯的全名亚伯拉罕·林肯，所以他就在自己伐倒的木材上写上一个"A"字。但是有一天他发现自己辛苦砍伐的10多根木头被人写上了"H"，这显然是有人盗取了林肯的劳动成果。

林肯生气极了，回家对继母说："一定是那个叫亨得尔的家伙干的，我要去他家找他论理去。"

继母看着林肯说："孩子，你先别急，听我给你讲个故事。"

"从前有一片大森林，那里有一个善良的人，名叫斑卜，他以打猎为生，经常在密林中安装捕兽套子。由于他安装的地方是野兽们经常出没的路线，所以几乎每天都有收获。有一天他又去收套子，却发现套子上只有动物脱落的毛，动物已经被别人取走了。斑卜很生气，但又不知是谁干的，他想留个条子，可是又不会写字。于是他就在纸上画了一张很生气的脸，放在套子上。第二天他又去收套子，发现套子上有一片大树叶，树叶上画着一个圈，圈子里有房子，房子旁边还有一只狂吠的狗。斑卜不知道是什么意思，他想：为什么别人拿走了我的动物还要画图呢。他觉得应该和这个人见面说理，于是他就画了一个正午的太阳，还有两个人站在捕兽套边。第三天中午他又来到这里，看到有一个浑身插满野鸡毛的印第安人在那里等他。他们彼此语言不通只能通过打手势来对话，印第安人用手势告诉斑卜这里是我们的地盘，你不可以在这里装套子。斑卜也打手势说：这是我装的套子，你不能拿走我的果实。两个人的模样都很古怪，相互看得直乐，斑卜想，与其多个敌人，还不如多一个朋友，于是他就大方地将捕兽套送给那个印第安人了。

"这样大家就相安无事了。后来有一天，斑卜打猎时遇到了狼群追赶，被迫跳下了悬崖，等他醒来的时候，他发现自己正躺在印第安人的帐篷里，伤口上还有印第安人给他上的药。从此他就成了印第安人的好朋友，和他们生活在一起，共同打猎。"

讲完这个故事，继母对林肯说："孩子，你要学会宽容别人，这样才能使自己的路越走越宽广。要不然，你在社会上就会到处树敌，很难成功的。"

此后林肯牢记着母亲的教导，这种宽容的美德为他以后的人生铺平了道路，最终他一帆风顺地竞选为美国第16任总统。这对于一个平民出身的孩子来说，是不可思议的奇迹。林肯在后来的回忆中，对继母充满了感激与敬仰。据说在林肯的总统办公室里还挂着这样的条幅："宽容比批评更能改变人。"而这种宽容的精神，正是源自他继母的教导。

宽容是一种非凡的气度、宽广的胸怀，体现了一个人的素养，表现了人的思想水平。只有宽容的人，才会在心中留出一片天地给别人。能以宽容对待别人的人，在生活中能养成将心比心、推己及人的做人做事的习惯，这样的人，肯定是受人尊敬和欢迎的。

宽容的伟大来自内心，宽容无法强迫，真正的宽容总是真诚的、自然的。用你的体谅、关怀、宽容对待曾经伤害过你的人吧，使他感受到你的真诚和温暖。宽容所至，能化干戈为玉帛，仇恨的乌云也会被一片祥和之光所驱散。当我们学会宽容的时候，我们就在超越自我，提升自我，使自己走向洁净的心境。

学会宽容，是一个不断超越自己、超越执着的过程。我们愈能宽容他人，我们就愈能净化自己，使自己愈趋向光明。

生活中，我们何必为曾经的伤害耿耿于怀呢？学会宽容别人，也是善待自己。学会及早地忘却，及早地原谅，及早地享受生活，生命里美丽的日子不是会更多吗？假如我们每个人都能以宽容、达观和敦厚的心，去生活处世，那便会拥有宽广的生活空间，就会生活得很自在。

你如何对待别人，别人也会如何对待你

有这样一个故事：

有甲、乙两个年轻人，他们在旅游区附近各得到一块面积相等的地皮。甲充分利用这块地皮，建起一家豪华超市。乙只使用了地皮的一半，也建起一家超市，无论是经营规模，还是商品种类，乙的超市都不如甲的。

这两家相邻的超市在同一天开张，经营状况并不相同：大部分游客涌进乙的超市，而甲的超市十分冷清。尽管甲使出浑身解数，又是有奖销售，又是歌舞表演，最终仍未能扭转失败的局面。

甲怎么也想不通，自己竟会输给乙，他想知道自己到底输在哪里。乙说，虽然自己的经商经验和所拥有的超市的规模都不如甲，但甲忽视了一个首要问题，那就是给别人一个方便的空间。乙利用那块地皮的一半，建起一个停车场，以方便游客停车。因此，游客自然愿意照顾乙的生意。

与人方便，万事随缘。主动地排解不利因素，创造有利因素，顺应事物的发展规律，自然不会惹出意外的麻烦。漫长的人生途中有诸多的缘，欢欣得意是一份缘，艰辛坎坷是一份缘，结识正直、良好、坦诚而有才干的朋友，也是一份缘……所以，与人方便，万事随缘，是睿智的人生，也是美丽、充实、自由的人生。

俗语说："投之以桃李，报之以琼瑶。"在日常生活中，许多偶然的事情，会决定你未来的命运。生活从来不会说什么，但却会用时间诠释这样一个真理：帮助别人，就是帮助自己。

美国石油大王哈默成名之前，曾一度是个不幸的逃难者，可有一件事改变了他的一生。在流亡中，他结识了善良的镇长杰克逊。那天，冬雨霏霏，镇长门前花圃旁的小路成了一片泥沼。于是行人就从花圃里穿过，弄得花圃一片狼藉。哈默替镇长痛惜，不顾寒雨淋身，站在雨中看护花圃，让人从泥泞的路中穿行。这时，出去半天的镇长笑意盈盈地挑着炉渣回来了。他把炉渣铺在泥沼里，结果，再也没有人从花圃里穿过了，最后镇长对哈默说："关照别人就是关照自己，有什么不好？"

你看，说得多好，关照别人需要的只是一点点的理解与大度，却能换来意想不到的收获。

事实上，我们总想从别人那里获取更多的东西，自己却吝啬哪怕一点点的付出。心理学家马斯洛指出，人都有爱与被爱的需要。我们更关注被爱和受尊重的感受，却往往忽视了爱与尊重他人的前提。其实，你只要主动去关照、帮助一下别人，你眼前的世界也许就会因此而改变。

俗话说："送人玫瑰，手留余香。"在帮助别人的过程中，我们得到的也许不是直接的、物质上的利益，而是间接的、精神上的收获，如境界的提升、心态的改善、助人的快乐等。这些收获虽然不那么实惠，但却会让我们长期甚至终身受益，而这是多少金钱也换不来的。

美国休斯可公司创建人比尔，以350美元起家，在短短10年内发展成拥有1000万美元资产的美国最大的皮鞋制造商。他之所以能站住脚，靠的就是多给别人提供方便。在创业初期，他深知自己财单力薄，不可能单凭个人的实力与同行业的大厂家竞争，必须联合外界的人力、物力、财力，要做到这一点，就必须以心换心。一次，休斯可公司生产的白带白扣软皮鞋，在辛辛那提市没有销路，零售商天天打电话要求退货，这可急坏了负责这一地区的批发商古佳伦，他连夜赶来找比尔商量对策。如果把货收回来，积压在家里，批发商将受到巨大的经济损失。比尔说："你的困难，就是我的困难。""不管什么原因造成的这种局面，我绝不会让你受损失，你把白带白扣的皮鞋统统收回，送到我这里调换成别的式样的鞋。"古佳伦感动地说："但也不能让你一个人吃亏呀。"比尔亲切地说："我们都是一家人，谁受损失都一样，这事理应由我来处理。"这件事传出以后，全国各地的批发商对比尔更加敬重了。比尔类似的事举不胜举。批发商、零售商对比尔为他人着想的做法，用实际行动进行了报答。他们不仅全力推销比尔公司生产的各式皮鞋，而且在比尔遭到灭顶之灾以后，自愿组织起来，帮助比尔渡过难关。

那年，河水决堤把比尔新建的现代化皮鞋厂以及设备、材料、产品冲得几乎一干二净。犹如晴天霹雳，比尔欲哭无泪，他想到了死。在他万念俱灰的时候，比尔销售网中几个较大的批发商登门拜访，鼓励他"重整旗鼓"。可是，比尔连还债的钱都没有，哪还有资金兴建工厂？

一位批发商爽快地说："你放心，只要你肯继续干下去，钱的事包在我们身上了。"另一位说："过去，我们困难的时候，你帮助了我们，现在我们也绝不能昧良心，袖手旁观。"五天后，那几位大批发商召开了来自全国各地几百位批发商的集资大会，仅仅两个小时，就凑齐了比尔重建新厂的资金。一星期后，比尔恢复了工厂生产。人非草木，孰能无情？比尔在别人困难的时候伸出援助之手，当他自己遭受灭顶之灾时，他得到了回报。

一位哲人说："一个不肯助人的人，他必然会在有生之年遭遇到大困难，并且大大伤害到其他人。"是的，人要想在社会上混是不可能脱离这个世界的。你的衣食住行，你的工作娱乐，无不与别人存在着千丝万缕的联系；你的一言一行，你的一举一动，无不对别人产生或大或小的影响。我们必须认识到"我为人人，人人为我"，人与人"相互支撑"是社会生活的法则。如果你撑一把伞给我，我撑一把伞给你，那我们就能共同撑起一个完整而和谐的世界。

没有规则意识，一切行为准则都是空谈

俗话说，不以规矩，无以成方圆。讲规矩要求人们按照一定的规则办事，在统一了的标准里行事。人类社会里，人与人是相互关联的，与人相处时要讲原则、讲规则，如果大家都不遵守规则，那这个社会就变成流氓横行的社会，而充斥流氓的社会一定好不到哪里去。正如胡适所说："一个肮脏的国家，如果人人讲规则而不是谈道德，最终会变成一个有人味儿的正常国家，道德自然会逐渐回归；一个干净的国家，如果人人都不讲规则却大谈道德，谈高尚，天天没事儿就谈道德规范，人人大公无私，最终这个国家会堕落成为一个伪君子遍布的肮脏国家。"

公元1135年，英国国王亨利一世去世，他的外甥斯蒂芬和他的外孙亨利二世都认为自己有英国王位的继承权，身在英国的斯蒂芬捷足先登抢了王位。在欧洲大陆的亨利二世得知后，便组织了一支雇佣军前来攻打斯蒂芬。当士兵们开到了英伦三岛时，亨利二世发现由于事先没筹划好，钱花光了。于是，他便给对手斯蒂芬写求援信，说自己出征准备不周，没了粮草，让斯蒂芬接济他一些，好把雇佣军遣散回欧洲。

按照中国传统的兵法，亨利二世这是犯了兵家大忌，让对手知道自己的弱点，很有可能会被对手一举消灭。但斯蒂芬没有这么做，而是慷慨解囊，给了亨利二世一笔钱，让他回去了。后来，等亨利二世有钱了，又照样发动战争来争夺王位。实际上，这就是贵族精神——你帮我是出于道义，并不能阻止我夺回本属于我的东西，这是两码事。

西方国家对规则意识十分重视，特别是英国，他们拥有悠久的历史和传统，形成了一种公平的游戏原则叫"费厄泼赖"（费厄泼赖，英语Fair Play的音译，原为体育运动竞赛和其他竞技所用的术语。意思是光明正大的比赛，不要用不正当的手段，胜利者对失败者要宽大，不要过于认真，不要穷追猛打）。无论是比赛，还是战争，永远都要遵守规则，讲求公平性。

打过乒乓球或看过乒乓球比赛的人都知道，乒乓球的擦边球有时是裁判不易察觉的，经常会造成误判。2005年5月4日，在第48届世界乒乓球锦标赛男单八分之一决赛中，中国选手刘国正和德国名将波尔的交锋过程中出现了这样一幕：第七局12比13，刘国正在回球击打时球落到了地板上，全场爆满的上海体育馆的空气好像立刻凝固了。"出界了吗？"如果是的话，那么刘国正就将以12比14输掉决胜局，从而输掉整场比赛。而就在此时，一个人伸手示意裁判"球擦边了"，这个人正是"既得利益者"——波尔！13平，裁判随即举起了右手。只有一个脚尖儿踩在悬崖边上的刘国正整个脚掌又重新站稳了。随着中国球迷的喝彩声，15比13，刘国正反败为胜！当刘国正接受球迷们的欢呼时，距离胜利只有一步之遥的波尔在新闻发布厅里静静地接受着记者的采访。当有人问他知不知道如果那个球没有被判为擦边，那胜利就属于他的时候，波尔回答说："这很正常，当时我也没想什么，因为我看到那个球是擦边了，比赛就是这样的，公平竞争嘛，我必须这么做，公正让我别无选择！"

比赛和竞争是以公平为原则的，即便是要失败，波尔也要坚持公平、坚持原则，这种风度是一种坚不可摧的精神力量。可以说，这是一场失利却没有失败的比赛，波尔的强烈的规则意识和彬彬礼让的绅士风度赢得了人们的尊敬。

做任何事都应遵循规则，破坏规则就是破坏道义和秩序，一个没有"规则意识"的人，是无法让人信赖的。

一个在日本留学的中国学生，课余为日本餐馆洗盘子以赚取学费。日本餐饮业有一个不成文的行规：盘子必须用水洗七遍。洗盘子的工作是按件计酬的，这位留学生计上心头，洗盘子时少洗一两遍，结果，劳动效率大大地提高了。日本学生向他请教技巧，他毫不避讳："少洗两遍就行了。"日本学生与他渐渐疏远了。一次餐馆老板检查盘子清洗情况的时候，老板用专用的试纸测出盘子清洁程度不够，责问这位留学生，他却振振有词："洗五遍和洗七遍差别并不大。"老板只是淡淡地说："你是一个不守规则的人，请你离开。"

因为不守规则，同学们疏远了他，老板炒了他的鱿鱼，可见规则的受重视程度。

我们生活在一个充满了各种规定、规则、制度、法律的社会里，法律只是一个人的行为底线。有些人在没有明确规范的情况下，常会为了自己的私欲打擦边球，做出一些遭人非议的事情。他们或许确实没有违法，但是违反了道德和自己的良心。所以道德在很多时候都是一条重要的衡量标准。规则也是如此，一个人做事时如果没有一些基本的准则，就会随波逐流，无法把握生活。守规则是人生活的基本准则。

超级自控力

——如何进行有效的自我管理

附　录

测试题：你是一个有自制力的人吗？

测评说明：

下列各题中，每题有5个备选答案，根据你的实际情况，选择一个最适合你的答案：A.很符合自己的情况；B.比较符合自己的情况；C.介于符合与不符合之间；D.不大符合自己的情况；E.很不符合自己的情况。

测试题：

1. 我很喜欢长跑、远足、爬山等体育运动，但并不是因为我的身体条件适合这些项目，而是因为这些运动能够锻炼我的体质和毅力。

2. 我给自己订的计划，常常因为主观原因不能如期完成。

3. 一般来说，我每天都按时起床，不睡懒觉。

4. 我的作息没有什么规律性，经常随自己的情绪和兴致而变化。

5. 我信奉"凡事不干则已，干则必成"的信条，并身体力行。

6. 我认为做事情不必太认真，做得成就做，做不成便罢。

7. 我做一件事情的积极性，主要取决于这件事情的重要性，即该不该做；而不在于对这件事情的兴趣，即想不想做。

8. 有时我躺在床上，下决心第二天要干一件重要事情，但到第二天这种劲头又消失了。

9. 在工作和娱乐发生冲突的时候，即使这种娱乐很有吸引力，我也会马上决定去工作。

10. 我常因读一本引人入胜的小说或看一出精彩的话剧而忘记时间。

11. 我下决心办成的事情（如练长跑，不论遇到什么困难，如腰酸腿疼），都会坚持下去。

12. 我在学习和工作中遇到了困难，首先想到的就是问问别人有什么办法。

13．我能长时间做一件事情，即使它枯燥无味。

14．我的兴趣多变，做事时常常这山望着那山高。

15．我决定做一件事时，说干就干，绝不拖延。

16．我办事喜欢挑容易的先做，难做的能拖则拖，实在不能拖时，就赶时间匆匆做完，所以别人不大放心让我干难度大的工作。

17．对于别人的意见，我从不盲从，总喜欢分析、鉴别一下。

18．凡是比我能干的人，我不大怀疑他们的看法。

19．我喜欢遇事自己拿主意，当然也不排斥听取别人的建议。

20．生活中遇到复杂情况时，我常常举棋不定，拿不定主意。

21．我不怕做我从来没有做过的事情，也不怕一个人独立负责重要的工作，我认为这是对自己很好的锻炼。

22．我生来胆怯，没有十二分把握的事情，我从来不去做。

23．我和同事、朋友、家人相处时，很有克制能力，从不无缘无故发脾气。

24．在和别人争吵时，我有时虽明知自己不对，却忍不住要说一些过头的话，甚至骂对方几句。

25．我希望做一个坚强的、有毅力的人，因为我深信"有志者事竟成"。

26．我相信机遇，很多事实证明，机遇的作用有时大大超过个人的努力。

测评标准：

单数题号：A记5分，B记4分，C记3分，D记2分，E记1分

双数题号：A记1分，B记2分，C记3分，D记4分，E记5分

各题得分相加，统计总分。

测评分析：

111分以上：自制力很强。

91—110分：自制力比较较强。

71—90分：自制力一般。

51—70分：自制力比较弱。

50分以下：自制力很薄弱。